马格努斯效应在工业中的应用与展望

张旭辉　陈海鹏　编著

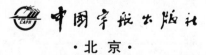

中国宇航出版社
·北京·

图书在版编目（ＣＩＰ）数据

马格努斯效应在工业中的应用与展望 / 张旭辉，陈海鹏编著 . -- 北京：中国宇航出版社，2023.10

ISBN 978 - 7 - 5159 - 2297 - 3

Ⅰ.①马… Ⅱ.①张… ②陈 Ⅲ.①马格努斯效应－应用－工业－研究 Ⅳ.①T126

中国国家版本馆 CIP 数据核字（2023）第 200214 号

责任编辑	张丹丹	**封面设计**	王晓武

出 版
发 行　　中国宇航出版社

社　址　北京市阜成路 8 号　　　　　邮　编　100830
　　　　（010）68768548

网　址　www.caphbook.com

经　销　新华书店

发行部　（010）68767386　　　　　（010）68371900
　　　　（010）68767382　　　　　（010）88100613（传真）

零售店　读者服务部
　　　　（010）68371105

承　印　天津画中画印刷有限公司

版　次　2023 年 10 月第 1 版　　　2023 年 10 月第 1 次印刷

规　格　880×1230　　　　　　　开　本　1/32

印　张　6.375　彩　插　4 面　　　字　数　187 千字

书　号　ISBN 978 - 7 - 5159 - 2297 - 3

定　价　48.00 元

本书如有印装质量问题，可与发行部联系调换

前　言

您一定见过足球场上登峰造极的"香蕉球"，或乒乓球台上叹为观止的弧圈球，抑或令人惊叹不已的空竹表演，甚至还能上场一显身手。但您知道足球为什么能突然改变运动方向并转弯、乒乓球为什么能飞出变幻莫测的轨迹、空竹为什么能如同优美的音符一样灵活旋转和翻滚吗？其实，它们都来源于一个共同的物理效应——马格努斯效应。

马格努斯效应是流体中的一种非线性的复杂力学现象，是运动的旋转圆柱体或圆球体在不可压缩的黏滞流体中受到侧向力的一种表现。而对于一名航天设计人员，提到马格努斯效应，首先想到的是弹头旋转对弹道和气动带来的影响。然而这种旋转常常被当作需要抑制的偏差和干扰，而不是一种可以加以利用的特性。

契机来自一个短视频。在视频中，篮球在一个一百多米高的水坝顶端以旋转的状态自由下落时，并没有垂直降落在抛球点的正下方，其运动轨迹而是明显地发生了横向飘移，约几十米远。这个视频深深地触动了我：能否把马格努斯效应与飞行器加以结合，让它不再是一种干扰，而成为一种被利用的特性呢？

之后的几年，我开始关注马格努斯效应方面的相关研究。鉴于业界并没有专门介绍马格努斯效应的书籍，在研究过程中，我渐渐产生了编写一本该方面专著的想法。于是，我便开始对马格努斯效应进行较为系统的梳理。首先是调研马格努斯效应发展历程，发现最早的飞机概念其实并不是目前采用的固定翼，而是采用类似马格努斯效应的转子翼。随后，我聚焦于产生马格努斯效应的机理，研究不同形状的物体旋转产生的马格努斯效应及气动特性，对国内外研究先驱们的成果进行一个较为系统的总结。在完成气动特性整理后，开展了一些生活中常见旋转体运动的建模和轨迹仿真。最后，考虑到马格努斯效应在风力发电、航海、航空航天领域都有一些应用或应用前景，便进一步将其进行了整理，最终形成本书。

在编写本书的过程中，除作者外，李永远、孙光、宋盛菊、刘焱飞等人也参与了本书的资料收集、讨论、文字整理和仿真分析工作。其中，李永远参与了第 1 章、第 2 章、第 6 章内容的编写，孙光参与了第 2 章、第 3 章内容的编写，刘焱飞参与了第 4 章内容的编写，宋盛菊参与了第 5 章内容的编写。

马格努斯效应是一个非常重要的物理学和工程学现象，深入研究其原理对于导弹的设计、气动性能分析以及制导控制都有积极意义。希望本书能够为奋战在一线的工程师、研究人员和研究生提供一些参考，对马格努斯效应在各领域的应用和发展起到一定的推动和指导作用。

由于本人水平有限，书中的缺点和不足之处在所难免，欢迎批评指正。请将宝贵意见发送至作者邮箱 zhangxh0215@126.com，以期再版时加以改进，在此提前向大家表示感谢。

张旭辉

2023 年 9 月

缩略词表

缩写	英文全称	中文全称
CFD	Computational Fluid Dynamics	计算流体动力学
MSBC	Moving Surface Boundary Layer Control	运动表面边界层控制
URANS	Unsteady Reynolds – averaged Navier – Stokes	非定常雷诺平均纳维-斯托克斯
NOL	Naval Ordnance Lab	海军军械实验室
PNS	Parabolized Navier – Stokes	抛物化纳维-斯托克斯
SOCBT	Secant Ogive Cylinder Boat Tail	正割卵形圆柱船尾
RANS	Reynolds – averaged Navier –Stokes	雷诺平均纳维-斯托克斯
ANSR	Autonomous Naval Support Round	自主海军支援炮弹
LES	Large Eddy Simulation	大涡模拟
BP	British Petroleum	英国石油公司
HAWT	Horizontal Axis Wind Turbine	水平轴风力涡轮
VAWT	Vertical Axis Wind Turbine	垂直轴风力涡轮
TSP	Tip Speed Ratio	叶尖速比
MARS	Magenn Air Rotor System	Magenn 公司的空气转子系统
VDCDC	Van Dusen Commercial Development Company	范杜森商业开发公司
DNV GL	Det Norske Veritas and Germanischer Lloyd	挪威船级社与德国劳氏船级社
GPS	Global Positioning System	全球定位系统

目 录

第1章 绪 论

当一个旋转物体的旋转角速度矢量与物体飞行速度矢量不重合时，在与旋转角速度矢量和平动速度矢量组成的平面相垂直的方向上将产生一个横向力，在这个横向力的作用下物体飞行轨迹将发生偏转[1]。这一现象是由德国著名物理学家古斯塔夫·马格努斯（Gustav Magnus）率先通过试验获得的，故也称为马格努斯效应（Magnus Effect），如图 1-1 所示。

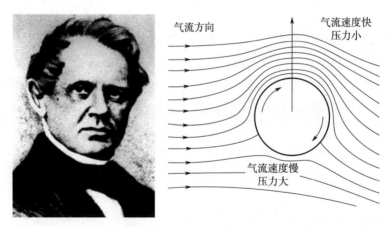

气流方向

气流速度快
压力小

气流速度慢
压力大

图 1-1 古斯塔夫·马格努斯与其提出的马格努斯效应示意图

马格努斯效应可以通过伯努利原理（Bernoulli's Theorem）来解释，在运用伯努利原理解释马格努斯效应前，先简单回顾一下伯努利原理。伯努利原理是由丹尼尔·伯努利（Daniel Bernoulli）在 1726 年提出的，这是流体力学的连续介质理论方程建立之前，水力学所采用的基本原理，其实质是流体的机械能守恒，即动能＋重力势能＋压力势能＝常数。其最为著名的推论为：等高度流动时，流速大，压力就小。

在图 1-1 中，小球上表面旋转产生一个与来流方向相同的速度，下表面产生一个与来流方向相反的速度，因此，小球上表面的速度大于下表面的速度。根据伯努利原理，流速快的地方压强小，则下表面会产生一个向上的压差，推动小球向上运动，这就是马格努斯力产生的根本原因。

马格努斯效应还可以用一个移动的羊群遭遇旋转木马时的现象来说明，图 1-2 代表的是一个二维流动模型[2]。当大量的羊群经过旋转木马时，顺着旋转木马方向运动羊群的相对速度会增加，而另一侧羊群则相对速度会慢下来。同时，相对速度较快的羊群一直绕着旋转木马前进方向行进，并与停留在旋转木马外侧的慢速羊群相碰撞。碰撞后的混合羊群代表了压强，以大约 90°的角度偏离了羊群的行进方向，速度大大降低。混合羊群可能对旋转木马没有多大的影响，但是如果用一群奔跑的水牛来代替羊群呢？这样意味着大大提高了介质的密度和流速。在这种情况下，旋转木马可能会移动或产生一个指向快速移动羊群方向的"升力"。

1.1　马格努斯效应概念的发展

马格努斯效应的发现最早可以追溯到艾萨克·牛顿（Isaac Newton），其在剑桥观看网球比赛时观察到上旋球下降速度更快，与此相反，下旋球则会在较小的距离范围内出现漂移现象。因此，艾萨克·牛顿在 1671 年写给奥尔登堡（Oldenburg）的信[3]中提到："网球受到斜击后形成平动方向和旋转方向的运动，两个运动的合成导致网球在旋转方向一侧附近的空气受到压缩，激发出空气的反作用力。"

19 世纪初，炮弹或子弹的飞行轨迹几乎都用抛物线来描述，因此，空气对这些物体运动的阻力是完全不考虑的。1805 年，本杰明·罗宾斯[4]（Benjamin Robins）在其所著的《空气阻力》一文中

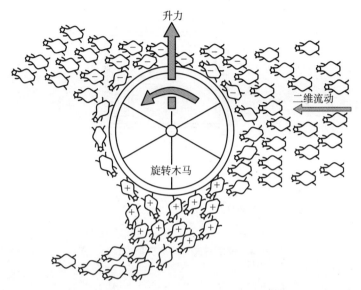

图 1-2　旋转木马旁的羊群遭遇演示马格努斯效应

指出，子弹在平动和旋转方向的合成运动导致空气阻力增大，而运动中的偏转是由于空气阻力差异造成的，从那时起，这一现象被称为罗宾斯效应。

　　1852 年，在柏林大学担任物理学教授的古斯塔夫·马格努斯完成了著名的马格努斯效应试验[5,6]。该试验装置主要由一个黄铜圆柱体组成，安装在一个具有自由旋转臂的两个圆锥形轴承之间，通过一根细绳使轴承高速旋转，并采用鼓风机将气流吹向黄铜圆柱体，如图 1-3 所示。当圆柱旋转时，他注意到一个较大的左右偏差，旋转体总是偏向于来流方向一侧的转子，马格努斯当时没有测量偏转力的大小。从那时起，这种现象被称为马格努斯效应。

　　1877 年，约翰·雷利（John Rayleigh）勋爵发表了一篇关于网球不规则飞行的论文[7]。该论文试图通过从旋转体的压力分布计算马格努斯力来解释球类运动的马格努斯效应，当时得出的结论是，

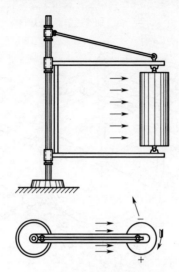

图 1-3　古斯塔夫·马格努斯的试验装置

不可能给出实际物理过程的完整数学公式，因为没有数学方法来描述流体和旋转圆筒之间产生的摩擦方式。

1912 年，拉菲（Lafay）报道了其在法国理工大学物理实验室和法国航空军事学院的研究。拉菲通过试验证明了圆柱体在旋转的作用下，一个具有相同投影面积的平面的升力可以达到它的几倍。拉菲的测量结果显示了圆柱体周围的压力和吸力是如何分布的，以及流线是如何在旋转圆柱体附近偏转的。然而，当前仍未有一个合适的计算旋转圆柱周围压力分布的公式。

20 世纪 20 年代，德国的安东·弗莱特纳（Anton Flettner）通过在气流中旋转圆柱体的试验来获得高升力，这是最有影响的一次尝试。安东·弗莱特纳与路德维希·普朗特（Ludwig Prandtl）和哥廷根研究小组（Jakob Ackeret，Albert Betz，Carl Wieselsberger）就针对用转子代替船帆的想法进行了讨论。在横风中，马格努斯效应产生的推力是同等面积风帆的许多倍，驱动这些转子的动力只是螺旋推进所需动力的很小部分。阿克雷特（Ackeret）对带端板的圆柱进行了一系列的风洞试验，结果表明这种船舶推进方法是可行的。普朗特提出了将端板应用于转子的想法，端板的作用使升力加倍。这种推进系统对船舶来说是相当便宜的，螺旋推进的速度和可靠性也非常有竞争力。因此，弗莱特纳的发明对能源优化应用非常具有吸引力。

尽管如此，马格努斯效应自正式发现以来已有 100 多年的历史，由于早期研究中经济性不高，所以一直没有得到大力发展。直到最近几十年，人们面临严重的能源和环境问题，马格努斯效应才再一次进入大众的视野，在世界范围内出现了大量关于它的研究和应用，尤其是在船舶设计、风力机优化、飞行器设计、旋转弹体等方面。

1980 年，美国成功研制了单独的转柱效应舵，并将其应用在大型推船上，在密西西比河的航行测试中，以低航速和高负荷进行，取得了显著的效果[8]。测试结果表明，当转柱舵旋转时的圆周运动线速度为来流速度的 4 倍时，升力（马格努斯力）与阻力之比约为 9∶1；而对于普通的翼型舵，舵偏角最大时，升力与阻力之比也不到 2∶1。证明了转柱舵在不增大阻力的前提下，可以尽量提高对船舶控制的偏转力矩。1988—1992 年，我国研究人员在船模上先后安装不同形式的船舵，进行了回转性和 Z 形等操纵性试验[9,10]，并给出了实船应用转柱舵的最佳参数。试验结果表明，转柱舵可以显著提高船舶的回转性能。

1983 年，美国风力船公司在一艘 18 t 重的游艇"跟踪者"号上安装了一个转筒。试验结果表明，依靠该装置推进，可以节省 20%～30% 的燃料[11]。2019 年 9 月，马士基游轮旗下的 LR2 型成品游轮"Maersk Pelican"号完成了为期一年的测试。该船主要安装了 Norsepower 公司生产的两个 Flettner 转筒风帆，成为全球最大的转筒风帆动力船，转筒风帆的应用能够为其节约 8.2% 的油耗。2019 年 2 月，世界权威机构 DNV GL 已向 Norsepower 公司研制的尺寸为 30 m×5 m 的转筒风帆颁发了认可证书，表明该公司生产的转筒风帆船只可以安全运行，标志着马格努斯效应在船舶推进技术应用上的成功[12]。

1931 年，联合飞机公司制造了一架滚筒机翼飞行器。四个滚筒取代了传统的固定机翼布置在机身前部，前边的两个大滚筒通过旋转产生升力，后面的两个小滚筒保证了飞机的稳定性，可实现着陆速度在 5～10 mile/h[13]。2015 年，我国研究人员基于马格努斯效应提出了一种具有局部运动翼面的新式翼型，该翼面采用了非圆形剖面的结构。通过局部翼面的运动，提高了获得马格努斯力的效率[14]。与传统翼型相比，在延缓了翼面边界层分离的前提下，增大了翼型的升阻比。

20 世纪 50 年代以后，飞行器活动进入超声速时代，针对旋转弹体运动轨迹的研究也越来越多。20 世纪 60 年代，Benton E. R.[15] 发现，随着马赫数的增大，与迎角平面垂直的尾翼产生的马格努斯力矩逐渐减小。Leroy[16] 研究了在不同马赫数和迎角下旋转弹体的气动特性。研究结果表明，在迎角超过 20°之后，随着马赫数增大，弹体的滚转力矩和马格努斯力矩呈非线性变化。1989 年，李峰等人[17]在低速风洞中，研究了不同组合弹体的马格努斯效应，得出弹体的马格努斯力在一定迎角范围内，随迎角和转速的增大而增大的结论。

总之，自马格努斯效应被发现以来，国内外科研人员提出了许多基于马格努斯效应和借助马格努斯效应的概念和设想，这些概念设想涵盖船舶、航空、航天和风力发电等多个领域，部分设想目前已经完成相应试验，并取得了非常好的效果。有些设想则受限于技术的推动和需求的牵引，没有进一步开展深入的研究，而这些将会在本书后续的章节进行详细阐述。

1.2　生活中常见的马格努斯效应

马格努斯效应除了在工业领域得到较为广泛的应用外，在日常生活中也随处可见。如日常生活中用于开发儿童智力的马格努斯滑翔机科学实验、休闲体育项目抖空竹、各种球类运动和基于马格努斯效应的航模等。

1.2.1　马格努斯滑翔机科学实验

　　马格努斯滑翔机[18]是一项原理复杂、操作简单的益智类科学实验,可以让孩子们像科学家一样思考,像工程师一样解决问题。马格努斯滑翔机的名字虽然听上去非常时髦,但是其制作过程要比一般纸飞机的制作过程简单得多。制作前需要准备两个一次性纸杯、胶带和 4 根橡皮筋。其制作过程如下:首先,将两个纸杯的底部对齐,用胶带粘牢;其次,将 4 根橡皮筋按照图 1-4 所示连成一根;最后,左手拇指按住橡皮筋的一端,然后把皮筋在两个杯子中间绕一圈(注意:皮筋要逆时针绕过去,适度拉紧)。按照以上操作,马格努斯滑翔机便做好了,但发射时需要注意其发射角度。

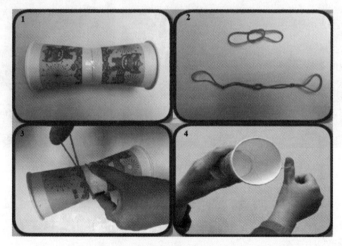

图 1-4　马格努斯滑翔机的制作

　　握着滑翔机时,拉伸橡皮筋的自由端,然后释放滑翔机你会观察到它一边自转一边又能够十分平稳地从空气中降落。虽然飞得不是很高,但从高空向下放飞它,它依然能够平稳下落。

1.2.2　休闲体育项目抖空竹

空竹是一种用线绳抖动使其飞速旋转而发出声响的玩具，多以竹木材料制成中空，因而得名。抖空竹是我国独有的一项民族传统健身项目，历史悠久，源远流长，在我国有着深厚的文化底蕴。

2008年北京奥运会开幕式演出现场，第一个节目便是北京民俗表演——抖空竹。身着红色镶金民族服饰的空竹队员，个个精神抖擞，操纵着直径1.5 m、质量达40 kg的巨型大龙空竹向世人展示"力拔千斤""天地合一""巨龙飞行""双龙绕飞"等高难技艺[19]，引来中外观众的阵阵喝彩。空竹文化如图1-5所示。

图1-5　我国的空竹文化

空竹的启动、加速、稳定的平面运动、盘丝以及在盘丝基础上所做的各种复杂花样包含了很多力学原理，这其中就包含了马格努斯效应。

1.2.3　球类运动中的马格努斯效应

圆球的旋转带来的马格努斯效应在球类运动中得到了淋漓尽致的体现，较为典型的是足球运动中的"香蕉球"。此外，篮球、乒乓球、网球等各种球类旋转带来的马格努斯效应也在其对应的活动中得到了广泛的应用。

（1）足球运动中的"香蕉球"

在 2018 年世界杯小组赛对战西班牙队的比赛中，C 罗上演帽子戏法，尤其是第 87 min，面对门将和人墙的双重防御，他踢出了一粒经典任意球——"香蕉球"（因球在空中飞行时其弧形轨迹类似香蕉形状而得名）。"香蕉球"的秘诀就在于马格努斯效应，如图 1－6 所示。

图 1－6　足球运动中的"香蕉球"原理

自从贝利 1966 年在伦敦世界杯比赛中踢出了第一个漂亮的弧线球后，"香蕉球"便成为越来越多大牌球星们的基本功底和拿手好戏。被誉为"英格兰圆月弯刀"的贝克汉姆一次次用最优雅的"贝氏弧线"博得世界的喝彩，而"绿茵拿破仑"的普拉蒂尼踢出的"香蕉球"横向飘移量达到 5 m 之多，他成了至今无人挑战的"任意球之王"。

（2）篮球运动中的各种旋转球

在篮球运动中，采用后旋投球可使球沿着稳定的轨迹飞行[20]，从而提高投篮的准确性，同时后旋球经篮圈反弹后由于受到一个与球的旋转方向相反的摩擦力，相对不旋转篮球来说，投篮的命中率更高。此外，前旋球和擦板侧旋球也有类似的妙用。

2015 年，几名研究爱好者在澳大利亚的塔斯马尼亚州一座 127 m 高的水坝上，以一定旋转角速度将篮球往下抛出，篮球在做一段自由落体加速后，在马格努斯效应的作用下以一个巨大的弧线向前推进，最终落在了抛球点下方几十米开外。这次基于马格努斯效应的高空抛球试验在社会上引起了广泛的关注，《Science》期刊网站也对这次的试验结果及产生飘移的原因进行了报道，如图 1 - 7 所示。

图 1 - 7　高空后旋抛球试验及《Science》期刊网站的报道

（3）其他球类

除了上述介绍的足球和篮球运动外，乒乓球、网球运动中运用的马格努斯效应也比比皆是。在乒乓球运动中，旋转球是运动员运用最多也是最有威胁的一项技术，是运动员在比赛中克敌制胜的法宝。在网球运动中，削球[21]是不可缺少的重要技术之一，在关键时刻娴熟地穿插削球技术，并与正手进攻形成配套战术，不仅可以转危为安，在给自己创造机会的同时，更能挫伤对手的信心。

1.2.4　基于马格努斯效应的航模

在航模这个领域，马格努斯效应也被应用到了极致，各种古怪奇葩的航模构型都能飞上天，甚至是由两个肯德基全家桶盒子组成的转子翼也能飞上天［图 1-8（a）］。只要能够让圆柱体保持旋转，同时螺旋桨带动飞行器前进，就可以飞起来。只有圆柱体和操控方向的螺旋桨，没有任何机翼，也没有起落架的马格努斯效应航模，则需要扔出去获得初速度才能飞［图 1-8（b）］。圆柱体本身没有动力、不能自主旋转的也可以，只要叶片结构的转子翼能迎着风被吹动转起来就能提供升力，从而在螺旋桨的推进下飞行，当然也得抛出去获得初始转动才可以。

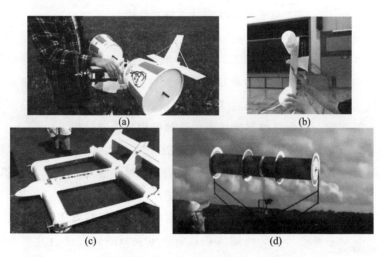

图 1-8　各种基于马格努斯效应的航模

1.3　本书的编写特点和内容安排

马格努斯效应对旋转球飞行轨迹的影响是众所周知的，但除了球类运动，目前马格努斯效应在工业中的应用并不多。本书首先从马格努斯效应概念的发展、生活中常见的应用出发,阐述马格努斯效应在生活中的应用;然后在此基础上对旋转圆球、旋转圆柱体、旋转旋成体等不同气动外形在不同飞行条件下产生马格努斯效应进行系统总结,结合不同气动外形下的气动特性,开展动力学建模与仿真研究,对马格努斯滑翔机、足球、乒乓球、空竹的运动特性进行分析;最后对马格努斯效应在风力发电、航海推进和航空航天领域的应用及前景进行分析与总结。本书共6章。

第1章　绪论

本章首先对马格努斯效应的原理进行介绍,引出了马格努斯效应发展的历史沿革,总结了生活中一些常见的马格努斯效应应用,如空竹、足球运动中的"香蕉球"、篮球及乒乓球运动中的旋转球、网球运动中的削球和千奇百怪的马格努斯航模。

第2章　典型马格努斯旋转体的气动特性

本章对国内外开展的不同旋转外形下的马格努斯效应研究情况进行总结,主要围绕旋转圆球、旋转圆柱体和旋转旋成体三种不同的气动特性进行介绍,为后续动力学建模和仿真奠定基础。

第3章　典型马格努斯效应的运动模型与轨迹分析

本章主要对几种典型的马格努斯效应现象,建立了其运动过程的动力学数学模型,并进行了仿真分析,主要包含马格努斯滑翔机、香蕉球、旋转乒乓球、空竹的运行轨迹及机理。

第4章　马格努斯效应在风力发电领域的应用与展望

本章主要对马格努斯效应在风力发电领域的研究进行介绍,既包含理论与试验方面的研究,还包含工程实践方面的探索,以及所涉及的关键技术。为了更好地展现马格努斯效应在风力发电领域的应用效果,介绍了几种典型的应用案例。最后简述马格努斯效应在风力发电领域应用中面临的一些挑战,以及可能带来的技术进步和新的应用方向。

第5章　马格努斯效应在航海领域的应用与展望

本章主要介绍马格努斯效应在航海领域的研究现状,尤其是在船舶推进、船舶操纵及船舶减摇方面的理论与实践探索。基于此，介绍了三种典型的应用案例，如转筒风帆、转柱舵、减摇装置等，并展望了其在船舶领域的应用前景。

第 6 章　马格努斯效应在航空航天领域的应用与展望

本章结合航空领域对马格努斯效应的应用模式，主要介绍了马格努斯转子对飞行器性能的影响，介绍了在低空航空器、飞艇和旋转炮弹方面的工程实践探索与具体应用。基于最新研究结果，展望了马格努斯效应在航空航天领域的新应用，包括采用马格努斯力进行轨道维持的旋转卫星、采用马格努斯力进行垂直起降的火星车和采用马格努斯转子进行控制的涵道式飞行器等。

参 考 文 献

[1] THOMSON J J. The dynamics of a golf ball [J]. Nature，1910，85 (2147)：251 - 257.

[2] BORG，LUTHER GROUP. The Magnus Effect - an Overview of Its Past and Future Practical Applications [M]. Ad - A165 902，1986.

[3] NEWTON I. Letter to Oldenburg [J]. In：Philosophical Transactions of the Royal Society，1671 (7)：3075 - 3087.

[4] ROBINS B. New Principles of Gunnery [M]. London Benjamin Robins：James Wilson，1805.

[5] TOKATY G A. A History and Philosophie of Fluid Mechanics [M]. Dover：Dover Publications，1994.

[6] MAGNUS G. UeberDie Abweichung der Geschosse，und：Ueber Eine Auffallende Erscheinung bei Rotirenden Körpern [J]. Annalen der physik，1853，164 (1)：1 - 29.

[7] RAYLEIGH J. On the Irregular Flight of a Tennis Ball [J]. Messenger of Mathematics，1877 (1)：7 - 14.

[8] PIKE D. Magnus Effect Rudders and Propellers [J]. Marine Enineer Review，1983 (1)：12 - 18.

[9] 于明澜，杨炳林. 旋筒型操纵装置的试验研究 [J]. 武汉水运工程学院学报，1988 (4)：29 - 34.

[10] 许汉珍，孙亦兵，许占崇，等. 转柱舵在实船上的应用 [J]. 中国造船，1992 (3)：28 - 36.

[11] 彭东升. 马格努斯效应及其在船舶上的应用 [J]. 江苏船舶，1990 (2)：23 - 25.

[12] 王勇. 浅述转筒风帆的工作原理及实践应用 [J]. 上海节能，2018 (11)：882 - 886.

[13] SEIFERT J. Areview of the Magnus Effect in Aeronautics [J]. Progress

in Aerospace Sciences，2012（55）：17 - 45.

[14] 郑焕魁．微型飞行器新式局部翼面运动翼型气动特性研究［D］.上海：
华东理工大学，2015.

[15] BENTON E R. Supersonic Magnus Effect on a Finned Missile［J］. AIAA
Joarnal，1964，2（1）：153 - 155.

[16] LEROY M J. Experimental Roll - damping，Magnus and Staticstability
Characteristics of two Slender Missile Configurations at High Angles of
Attack（0 to 90°）and Mach number（0. 2 to 2. 5）［R］. AEDC - TR -
76 - 58，1976，1 - 116.

[17] 李峰，孙镇波．旋转式战术导弹马格努斯效应的实验研究［J］.气动实验
与测量控制，1989（1）：20 - 25.

[18] 吴海娜，苏卓，骆凯，等．马格努斯滑翔机运动的探索与研究［J］.大学
物理实验，2015（10）：4 - 6.

[19] 赵成鹏．谈民族传统休闲体育项目［J］.科学之友，2010（5）：
105 - 106.

[20] 加建华．试论投篮中旋转球的运用［J］.延安大学学报（自然科学版），
2008（3）：98 - 100.

[21] 黄建军．网球底线切削球实验研究［J］.安徽师范大学学报（自然科学
版），2012（4）：392 - 395.

第2章 典型马格努斯旋转体的气动特性

根据马格努斯效应原理，只要旋转物体的旋转角速度矢量与物体飞行速度矢量不重合时，就会产生一个垂直于角速度矢量与平动矢量组成平面的横向力。这一原理只有在特定的条件下成立，而随着高度、速度和转速等飞行参数的变化，其马格努斯效应变化显著，甚至会出现负马格努斯效应。

本章主要围绕旋转圆球、旋转圆柱体、旋转旋成体等三种旋转体外形，总结了旋转体在马格努斯效应影响下的气动特性，可为马格努斯效应飞行器的工程研究提供参考与依据。

2.1 旋转圆球的气动特性

在低空稠密大气中，旋转圆球的马格努斯效应在球类运动中被发挥得淋漓尽致。而当圆球在高空稀薄大气中旋转运动时，马格努斯效应会对其气动特性产生怎样的影响呢？这里首先需要引入克努森数 Kn（Knudsen Number）的概念来对气体流动情况进行分类。Kn 表示分子的平均自由程与流场中的特征长度的比值。一般认为，当 $Kn < 0.001$ 或 $Kn \ll 1$ 时，气体流动属于连续流范畴。而在稀薄气体动力学中，可根据气体稀薄程度按照 Kn 分为三个领域：$0.01 \leqslant Kn \leqslant 0.1$，称为滑流领域（或近连续流领域）；$0.1 \leqslant Kn \leqslant 10$，称为过渡流领域；$Kn \geqslant 10$（或 $Kn \gg 1$）时，称为自由分子流领域。本节将按照以上流域的划分对旋转圆球的马格努斯气动特性进行介绍。

2.1.1　旋转圆球在自由分子流域的气动特性

固定球的自由分子流动问题已有较多研究，而关于旋转圆球在自由分子流的研究则较少。文献 [1] 对旋转球体附近的自由分子流进行了较为详尽的阐述，推导了自由分子流的升力系数和阻力系数。为了符号统一，这里给出一种统一的表达式，具体为

$$C_D = \frac{4S^4 + 4S^2 - 1}{2S^4}\mathrm{erf}(S) + \frac{2S^2 + 1}{\pi^{1/2}S^3}e^{-S^2} + \frac{2\alpha_\tau}{3S}\pi^{1/2}\sqrt{\frac{T_S}{T_\infty}}$$

$$(2-1)$$

$$C_L = -\frac{4}{3}\alpha_\tau \qquad (2-2)$$

式中，S 为速度比；T_S 为圆球的温度；T_∞ 为自由分子流的温度；α_τ 为调节系数；$\mathrm{erf}(z)$ 为误差函数，定义为 $\mathrm{erf}(z) = \frac{2}{\pi^{1/2}}\int_0^z e^{-t^2}\,\mathrm{d}t$。

在 $S \to \infty$ 的极端情况下，可以把这个问题看作匀速 U 的分子流撞击旋转球。如果球体的温度是冷的，反射是完全扩散的，则反射分子的速度与 U 相比非常小，可以忽略不计。在这种极限情况下，旋转圆球在自由分子流的升力系数和阻力系数可简化为

$$\begin{cases} C_D = 2 \\ C_L = -\dfrac{4}{3}S \end{cases} \qquad (2-3)$$

对于平行于旋转速度矢量 $\boldsymbol{\omega}$ 的气动力矩系数 C_T 和垂直于旋转速度矢量 $\boldsymbol{\omega}$ 的气动力矩系数 $C_{T\perp}$ 可分别通过式（2-4）计算

$$\begin{cases} C_T = -\dfrac{\alpha_\tau}{\pi^{1/2}W}\left[I_1 + I_2 + (I_2 - 3I_1)(e\,e_\omega)^2\right] \\ C_{T\perp} = -\dfrac{\alpha_\tau}{\pi^{1/2}W}(I_2 - 3I_1)(e\,e_\omega)\,|e - (e\,e_\omega)e_\omega| \end{cases} \qquad (2-4)$$

式中，W 为角速度系数；e 和 e_ω 分别为速度方向与角速度方向的单位矢量，而

$$I_1 = \frac{\pi^{1/2}(4S^4+1)}{8S^3}\mathrm{erf}(S) + \frac{(2S^2-1)}{4S^2}\mathrm{e}^{-S^2}$$

$$I_2 = \frac{\pi^{1/2}(2S^2+1)}{2S}\mathrm{erf}(S) + \mathrm{e}^{-S^2}$$

2.1.2　旋转圆球在连续流域的气动特性

马格努斯效应通常用来解释棒球、排球和足球等运动中奇怪的运动轨迹。旋转球在连续流中的升阻特性除了通过数值模拟和试验的形式获得外，还可以通过经验公式进行估算。基于经验公式计算的升阻特性不可避免地存在一定的偏差。

（1）阻力系数

在不可压缩的均匀流动中，阻力系数只与雷诺数（Re）有关，文献［2］分析了 $C_D(Re)$ 的不同近似值。文献［3］提出了一种相当简单的近似方法，可以确保在许多应用中具有足够的精度。在文献［4-7］中，作者通过实验研究了压缩性和稀薄性对阻力系数的影响。文献［8］给出了马赫数 $Ma < 6$ 和 $Re < 10^5$ 连续流状态下的 C_D 计算关系式。然而，该关系式应用在跨声速区域时大约会存在 16％ 的计算误差[9]。

文献［10］的分析结果表明，球体在连续流区小雷诺数条件下的旋转并不影响其阻力系数，文献［11］通过数值模拟了不可压缩流雷诺数在 $100 \leqslant Re \leqslant 300$ 时球旋转对阻力系数的影响，阻力系数随旋转速度缓慢增大，可用式（2-5）来近似

$$C_D = C_{D0}(1+\Omega)^{Re/1\,000} \tag{2-5}$$

式中，C_{D0} 为非旋转球体的阻力系数；Ω 为无量纲化的旋转速度系数，$\Omega = R\omega/V$，其中，R 为旋转球的半径，ω 为旋转角速度，V 为旋转球的运动速度。

（2）升力系数

当连续介质在不可压缩流中作用于非旋转球体时发现，对于小雷诺数（$Re \ll 1$ 和 $Re_\omega \ll 1$）的流动，理论上升力系数 $C_L = 2$。同

式（2-2）相比较，显然可以看出，在小雷诺数下连续流的马格努斯力作用方向与自由分子流相反。文献［12-15］对有限雷诺数下的马格努斯力系数进行了研究，结果表明，C_L 随 Re 的增大而减小，但当雷诺数较大时，该系数的大小主要取决于旋转速度 Ω。因此，在文献［13］中提出了以下近似

$$C_L = \frac{1}{\Omega}[0.45 + (2\Omega - 0.45)\exp(-0.007\,5\Omega^{0.4}\,Re^{0.7})]$$

$$(2-6)$$

该近似值适用于 $2\Omega \geqslant 0.45$ 且 $10 \leqslant Re \leqslant 140$。由式（2-6）可知，当 $Re \rightarrow \infty$ 时，$C_L \rightarrow 0.45/\Omega$。这与大雷诺数的实验数据一致[14]。然而，在文献［11］中，根据计算发现，当 $0.16 \leqslant \Omega \leqslant 0.5$ 且 $100 \leqslant Re \leqslant 300$ 时，C_L 几乎与 Re 无关，并且对 Ω 的依赖性可通过式（2-7）近似得出

$$C_L = \frac{0.11}{\Omega}(1+\Omega)^{3.6} \qquad (2-7)$$

式（2-6）和式（2-7）预测了 C_L 对 Ω 的不同依赖性。然而，不同研究人员获得的 C_L 实验值也有很大差异[16]。根据文献［16］的评估，该公式的误差达 20%。显然，C_L 对相似性准则的依赖性相当复杂，到目前为止，还没有一个半经验公式可以在很大范围内准确计算该参数[15]。

（3）扭矩系数

旋转球在斯托克斯流（Stokes Flow，$Re_\omega \ll 1$）中的扭矩系数[17]计算公式为 $C_T = 16\pi/Re_\omega$，这一结果在奥森近似（Oseen Approximation）下的球相对于流体平动[10]依然有效。在有限雷诺数 Re_ω 下，现有文献仅研究了静止不可压缩流体中旋转球体的扭矩系数。在文献［18］中，作者通过对不同数据的分析，提出了不同范围雷诺数下 C_T 的近似公式为

$$C_T = \frac{1}{Re_\omega} \times \begin{cases} 16\pi & Re_\omega < 6.03 \\ 37.2 + 5.32\sqrt{Re_\omega}, & 6.03 \leqslant Re_\omega < 20.37 \\ 32.1 + 6.45\sqrt{Re_\omega}, & 20.37 \leqslant Re_\omega \leqslant 40\,000 \end{cases}$$

$$(2-8)$$

2.1.3　旋转圆球在稀薄流中的气动特性

旋转圆球在不可压缩流和自由分子流中的气动系数可通过估算获得。然而，在有限的 Kn 下，关于压缩性和稀薄性对马格努斯力和气动力矩的影响却鲜有研究，而此种情况下，稀薄效应和压缩效应却占主导地位。

文献 [16] 基于球体温度与自由流温度比值相等的假设（即 $T_s/T_\infty = 1$），研究了马赫数 Ma 为 0.1、0.2、0.6、1、1.5 和 2 的流动特性。其中，$Ma < 1$ 的 Kn 在 0.05～20 范围内变化，角速度系数范围为 0.03～6；$Ma \geqslant 1$ 的 Kn 在 0.025～20 范围内变化，角速度系数为 8。以下简要给出文献 [16] 的相关研究结果。

（1）阻力系数

在自由分子流中，旋转球的所有气动系数都是调节系数的线性函数。为了研究过渡流动状态下这种相关性的形式，对 α_τ 的值从 0～1 变化的状态进行了计算，其他参数对应于以下所有可能的组合：$Ma = 0.1$、0.2、0.6、1、1.5 和 2；$Kn = 10$、1 和 0.2～0.1；$W = 0.1$ 和 1；旋转角度 $\Theta = 90°$。结果分析表明，所有气动系数也线性依赖于 α_τ（$Ma = 1$ 时获得的这些依赖关系的示例见文献 [19]），即

$$C_D \approx C_{D(0)} + \alpha_\tau (C_{D(1)} - C_{D(0)}) \qquad (2-9)$$

式中，$C_{D(a)}$ 是 $\alpha_\tau = a$ 对应的气动系数的值。因此，在过渡流区，调节系数对旋转球气动系数的影响与自由分子区几乎相同。

在过渡流型中，α_τ 的大小不仅影响球表面附近的流动，而且决定了整个流型。特别是，对于 $Ma = 2$、$Kn = 0.01$ 和 $W = 0$，在镜面反射模型（$\alpha_\tau = 0$）的情况下，附着在球体后缘表面的环涡区域在

未扰动流方向上的长度几乎是扩散反射模型（$\alpha_\tau = 1$）中该区域长度的一半[19]。

（2）球体的升力系数

升力系数 C_L 的计算值在图 2-1 中显示为几个恒定值 Ma 和 W 以及恒定无量纲角速度 $\Omega = \sqrt{2}\gamma W/Ma$ 的 Kn 和 Re 的函数。为了进行比较，在图 2-1（b）中，绘制了使用式（2-6）获得的连续流状态下的 $C_L(Re)$ 依赖关系。

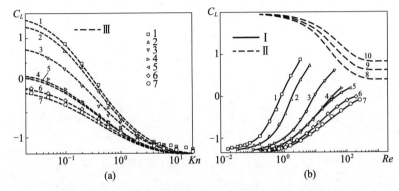

图 2-1　升力系数 C_L 随 Kn（a）和 Re（b）的变化

在图 2-1 中，Ⅰ为数值计算的结果；Ⅱ为基于式（2-9）的计算值；Ⅲ为基于式（2-8）的计算值；曲线 1～4 为亚声速流，$W = 1$；曲线 5～7 为超声速流，$W = 1$；曲线 8～10 为不可压缩连续流；Ⅰ中，曲线 1 的 $Ma = 0.1$，曲线 2 的 $Ma = 0.2$，曲线 3 的 $Ma = 0.6$，曲线 4、5 的 $Ma = 1$，曲线 6 的 $Ma = 1.5$，曲线 7 的 $Ma = 2$，曲线 8 的 $\Omega \approx 1.1$，曲线 9 的 $Ma = 0.73$，曲线 10 的 $Ma = 0.55$，$\Theta = 90°$，$\alpha_\tau = 1$。

图 2-1（b）中的曲线 8～10 对应于最小值 Ma 和 Kn 的 C_L 值。然而，对于较小的马赫数，C_L 值应趋向于 $-4/3$，如 $Kn \to \infty$。这意味着对于 $Ma = \text{const} \ll 1$，函数 $C_L(Kn)$ 和 $C_L(Re)$ 是非单调的。随着 Kn 的减小，C_L 值应首先从 $-4/3$ 增加到最大值 2，对应于小雷诺数下的连续流动状态，然后减小到对应于大雷诺数的极限值。对于

压缩性显著的马赫数，C_L 对 Kn 的非单调依赖性也保持不变；然而，C_L 的最大值却小于 2。计算结果与相关系数 $C_L(Kn)$ 的非单调性假设相一致。在所考虑的马赫数范围内，C_L 最大的克努森数 $Kn_{\max}$ 小于 0.05。C_L 的计算值可用式（2-10）近似

$$C_L(M,W,Kn)=C_{Lt}\frac{1-F(Kn)}{1-F_t}+C_{L\infty}\frac{F(Kn)-F_t}{1-F_t}$$

$$(2-10)$$

式中，$F(Kn)$ 是 Kn 的某个函数，例如 $F \rightarrow 1$ 表示 $Kn \rightarrow \infty$，$F \rightarrow -1$ 表示 $Kn \rightarrow 0$，$C_{Lt}(M，W)$ 是 C_L 对 Ma 和 W 的依赖关系，对于 $Kn_t(Kn_t > Kn_{\max})$，$C_{L\infty}=-4/3$，并且 $F_t=F(Kn_t)$。对于 $Kn_t=0.1$，$F(Kn)=\mathrm{erf}[\log(Kn/0.37)]$（则 $F_t \approx -0.578$），可以得到满意的结果。

$$C_L(M,W) = -(0.06+0.14M)\times[1-s(M)]+$$
$$[(1.1-1.16M)\times(1-W)]+$$
$$(0.78-0.87M)\times(W-0.1)-$$
$$0.03\sin(2\pi M)\times s(M)$$

$$(2-11)$$

$$s(M)=s_*(10M-10.5) \qquad\qquad (2-12)$$

$$s_*(\zeta)=-\eta(\zeta)\eta(1-\zeta)[1-\zeta^2(3-2\zeta)],\eta(\zeta)=\begin{cases}1,\zeta\geqslant 0\\0,\zeta<0\end{cases}$$

$$(2-13)$$

式（2-10）～式（2-13）近似于马格努斯力系数的数值计算数据：$Kn>0.05$，$0.1\leqslant M\leqslant 2$，$0.1\leqslant W\leqslant 1$，$T_s/T_\infty=1$，$\Theta=90°$ 和 $\alpha_\tau=1$。使用式（2-10）～式（2-13）计算的值用图 2-1（a）中的曲线 Ⅲ 表示，以进行比较。它们与数值计算的均方偏差为 $|C_{L\infty}|$ 的 3%，最大偏差等于 7%。

由于上述依赖 $C_L(Kn)$ 的非单调性，对于构造适用于自由分子流、过渡流和连续流流型的马格努斯力系数的普遍依赖关系式，仅使用式（2-10）～式（2-13）和连续流流型的公式是不够的，为

了获得普遍的依赖关系，有必要获得可压缩气体流动中的马格努斯力的数据，这些数据的 Kn 为 0.01 量级。

C_L 的符号和马格努斯力方向的变化反映了应力分布随 Kn 变化的规律。马格努斯力系数可以用 $C_L = C_{L(n)} + C_{L(\tau)}$ 的形式表示，其中，$C_{L(n)}$ 和 $C_{L(\tau)}$ 是由法向 p_n 和切向 p_τ 应力分布产生的 C_L 的分量。当 $\Theta = 90°$ 时，可确定为

$$C_{L(\xi)} = \frac{F_{L(\xi)}}{F_L^*}, F_{L(\xi)} = R^2 \int_0^{2\pi} \int_0^\pi e_z p_\xi(n) \sin\theta \, \mathrm{d}\theta \, \mathrm{d}\varepsilon \qquad (2-14)$$

式中，$F_L^* = p_\infty \pi R^2 SW$，$\xi = n, \tau$。文献［19，20］分析了旋转球体表面的应力场 $p_{nz} = e_z p_n$ 和 $p_{\tau z} = e_z p_\tau$。在自由分子流中，对于角 $\varepsilon[p_{nz}(\theta, -\varepsilon)] = -p_{nz}(\theta, -\varepsilon)$，数量 p_{nz} 为奇数，因此 $C_{L(n)} = 0$，$C_L = C_{L(\tau)} < 0$。在过渡流区，p_{nz} 场对 ε 不再是奇数。

在过渡流型中，垂直于阻力和马格努斯力的气动力分量的最大值不超过后者最大值的 10%，垂直于旋转球的平动速度和角速度矢量平面的气动力矩分量几乎消失。过渡区中马格努斯力的方向取决于球表面法向应力和切向应力之间的平衡，其对该力系数的贡献是符号相反的。在一定的临界 Kn 下，该力的方向发生变化，随 Ma 的增大而减小。在一般情况下，马格努斯力系数与雷诺数的关系是非单调的。然而，对于大于 0.05 的克努森数 Kn，该系数的值单调变化，可以用一个相当简单的公式来近似。

2.1.4　旋转圆球的负马格努斯效应

当球表面的边界层因为负压力梯度而分离时，由于流动中的黏性效应，这种现象变得复杂起来。球体表面相对速度相对于入射均匀流的差异通常会使下游移动侧（此处指上侧）的边界层比上游移动侧的边界层薄。因此，边界层分离在下游移动侧延迟，而在上游移动侧加速。结果，尾流向下扭曲，一个基于作用和反作用原理的正升力作用在球体上。此外，边界层的层流-湍流转变使分离点沿表面顺流而下，使该现象更加复杂。因此，在临界雷诺数附近，非旋

转球体上的阻力显著减小。

图 2-2 是根据 Schlichting[21]、Achenbach[22] 和 Wieselsberger[23] 等人的试验数据，绘制的在每个雷诺数条件下获得的阻力系数剖面图。两个雷诺数条件（1.6×10^5 和 2.4×10^5）被用来验证数值方法是否正确地再现了临界流动状态下的阻力减小趋势。阻力系数定义为 $C_D = F_D/(0.5 \rho U_0^2 A)$；其中，$F_D$、$\rho$ 和 A 分别是阻力、流体密度和球体的投影面积。当雷诺数增加时，阻力明显减小。

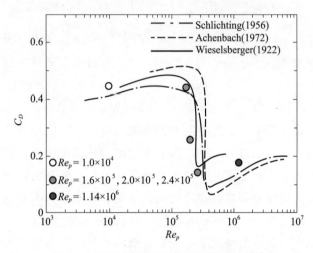

图 2-2　阻力系数与雷诺数的函数关系[24]

根据 Maccoll[25]、Davies[26] 和 Tsuji[27] 的试验结果，升力系数相对于自旋参数的变化如图 2-3 所示。其中，在 $\Gamma = 0.1$、0.5 和 0.8 时的升力系数也被绘制出来，以发现临界流动状态下相对于自旋参数的趋势。升力系数定义为 $C_L = F_L/(0.5 \rho U_0^2 A)$；其中，$F_L$ 是作用在 Y 方向上的气动升力。文献 [28] 对 $Re_p = 1.0 \times 10^4$ 在亚临界流状态下的数值结果准确地复现了 Tsuji 等人报道的趋势。数值和实验结果均表明，传统的马格努斯效应对球体产生了正的升力。另一方面，在临界流附近的两个实验趋势表明，在 Γ 为 0.1 和 0.5 之间的相对较低转速下，存在负升力。对 $Re_p = 2.0 \times 10^5$ 和 $\Gamma = 0.2$ 的

LES 结果证实了负升力的存在。在较高转速下，超临界区的升力系数与亚临界区的升力系数的变化趋势相同，表明没有出现负升力。

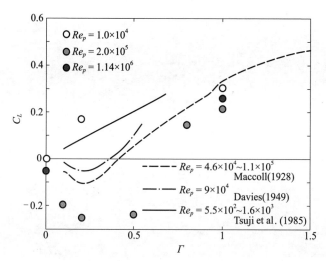

图 2-3   升力系数相对于自旋参数的变化[24]

实验研究表明，由于这些分离和过渡阶段之间的相互作用，在临界雷诺数周围的特定转速下，旋转球体上存在负升力[25,26,29]，这与马格努斯效应相矛盾。然而，由于支撑杆或支撑线的作用，研究球体附近或球体上的流动特征和空间结构是困难的。这会导致所报告的升力大小和雷诺数范围之间或报告的大小与观察到负马格努斯效应的转速之间的定量不一致。文献［28］用数值模拟的方法研究临界雷诺数附近的边界层和分离点附近流动的瞬时特性。

图 2-4（a）~（i）显示了在每个雷诺数下非旋转或旋转球体周围的瞬时涡结构图像，得到的结构是速度梯度张量第二不变量的一个等值面。当 $Re_p = 1.0 \times 10^4$ 时的非旋转和旋转球体如图 2-4（a）~（c）所示。在 $Re_p = 2.0 \times 10^5$ 时，非旋转球体［图 2-4（d）］管状涡结构部分覆盖了球体表面，表明发生了边界层转捩。在第一分离点附近没有发现类涡结构，表明分离处于层流状态。在以前的研究中，边界层的第一个分离点被确定为距球体表面变为负的第一

个最近网格点的顺时针时均速度[24]。同样的，当速度再次变为正时，再附着点被确定。

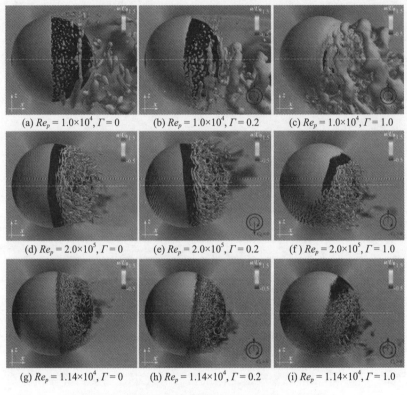

(a) $Re_p = 1.0 \times 10^4$, $\Gamma = 0$　(b) $Re_p = 1.0 \times 10^4$, $\Gamma = 0.2$　(c) $Re_p = 1.0 \times 10^4$, $\Gamma = 1.0$

(d) $Re_p = 2.0 \times 10^5$, $\Gamma = 0$　(e) $Re_p = 2.0 \times 10^5$, $\Gamma = 0.2$　(f) $Re_p = 2.0 \times 10^5$, $\Gamma = 1.0$

(g) $Re_p = 1.14 \times 10^4$, $\Gamma = 0$　(h) $Re_p = 1.14 \times 10^4$, $\Gamma = 0.2$　(i) $Re_p = 1.14 \times 10^4$, $\Gamma = 1.0$

图 2-4　各种条件下球周瞬时涡结构[28]（见彩插）

　　边界层转捩发生在再附着点附近。当球体以 $\Gamma = 0.2$ 旋转时，会出现负的马格努斯效应，如球体表面上游移动侧的压力分布低于下游移动侧的压力分布（图 2-5）。上游移动侧的边界层在第一分离点附近受到扰动。这种扰动显然使层流分离和再附着点变得模糊。对于 $Re_p = 1.14 \times 10^6$ ［图 2-4（g）～（i）］处的非旋转球体和旋转球体，旋涡结构从第一个分离点周围覆盖在球体表面，表明边界层已充分过渡到湍流状态。

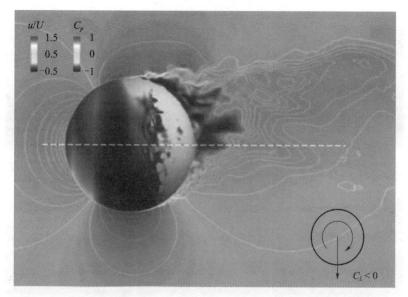

图 2-5　中心横截面（$y=0$）上的流向速度（x 分量）的瞬时等值线，
以及 $Re_p = 2.0 \times 10^5$ 和 $\Gamma = 0.2$ 时球面上的静压系数[24]（见彩插）

　　当边界层发生湍流时，分离点在球面上的分布会发生变化。
图 2-6（a）～（i）显示了在每个雷诺数下，非旋转球体和旋转球
体表面上零剪应力的瞬时等值线。

　　文献［28，30］在边界层转捩的背景下，分别在 1.0×10^4、
2.0×10^5 和 1.14×10^6 处观察到了边界层的非定常特征与分离点的分
布情况。垂直方向的流动速度在上游方向出现了明显的波动。这导
致上游移动侧零剪切分离点的空间扰动分布和负的马格努斯效应。
在 $Re_p = 1.0 \times 10^4$ 的亚临界流范围内，表面边界层完全层流分离，
零剪切分离点均匀分布在上游和下游移动侧。最后，在 $Re_p = 1.14 \times 10^6$ 的超临界流范围内，表面边界层受到完全湍流分离，零剪
切分离点分布不均匀，与球体转速无关。

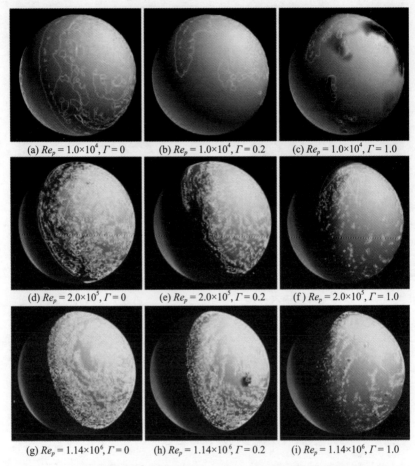

(a) $Re_p = 1.0×10^4$, $\Gamma = 0$　　(b) $Re_p = 1.0×10^4$, $\Gamma = 0.2$　　(c) $Re_p = 1.0×10^4$, $\Gamma = 1.0$

(d) $Re_p = 2.0×10^5$, $\Gamma = 0$　　(e) $Re_p = 2.0×10^5$, $\Gamma = 0.2$　　(f) $Re_p = 2.0×10^5$, $\Gamma = 1.0$

(g) $Re_p = 1.14×10^6$, $\Gamma = 0$　　(h) $Re_p = 1.14×10^6$, $\Gamma = 0.2$　　(i) $Re_p = 1.14×10^6$, $\Gamma = 1.0$

图 2-6　各种条件下球表面瞬时静压系数和球面零剪应力的瞬时等值线[28]

2.2　旋转圆柱体的气动特性

　　旋转圆球的马格努斯效应应用主要体现在各项球类运动，受限于其等效升力（马格努斯力）较小的缘故，在工程应用方面较少。而旋转圆柱则由于可以提升较大的马格努斯力，在工程中应用较为

广泛。典型的应用包括马格努斯风力机的叶片、航海推进中取代常
规风帆的马格努斯风帆和取代航空器固定翼的马格努斯转子翼。
以下就旋转圆柱在稀薄气体中的气动特性、在湍流中的流动特性
以及波浪圆柱体非定常流动的数值模拟等几个方面的研究内容展
开论述。

2.2.1　旋转圆柱体在稀薄气体流动中的气动特性

多年前，人们在旋转体周围不可压缩流动的条件下对马格努斯
效应进行了详细的研究[31,32]。研究发现，在势流的情况下，在物体
上产生的升力垂直于上游流动方向 u_∞，并平行于矢量 $[\Omega \times u_\infty]$。
这里，物体旋转的矢量被标记为 Ω。在这种流动状态下，通过控制
自旋速率参数 $\Theta = \Omega D/(2u_\infty)$，可以识别出旋转圆柱绕流的三种流
型。流型模式取决于分离点和附着点的位置。

在黏性不可压缩流体的非定常流动中，流型对相似性参数和雷
诺数都很敏感。在一定的流动条件下（$Re < 1.3 \times 10^5$ 和 $\Theta < 0.5$），
马格努斯力会变为负值。Swanson 和 Brown 对这种效应进行了实验
研究。

在另一个自由分子流的情况下，Karr 和 Yen、Wang、Ivanov
和 Yanshin 得到了不同的结果：圆柱在旋转条件下的升力与在连续
不可压缩（势）流条件下的升力矢量相反。升力和阻力系数可以用
式（2-15）计算

$$\begin{cases} C_y(\Omega) = -\dfrac{\pi}{2}\sigma_t\Theta \,; C_x(\Omega) = 0 \\ C_y = C_y(0) + C_y(\Omega) \\ C_x = C_x(0) + C_x(\Omega) \\ \Theta = \Omega D/(2u_\infty) \end{cases} \qquad (2-15)$$

这里的参数 σ_t 是切向动量的调节系数，是一个单位向量。升力
$C_y(0)$ 和阻力系数 $C_x(0)$，在非旋转条件下的计算式为

$$
\begin{cases}
C_y(0)=0\,;C_x(0)=C_{x,i}(0)+C_{x,r}(0) \\[2mm]
C_{x,i}(0)=\dfrac{\sqrt{\pi}}{S}\mathrm{e}^{-\frac{S^2}{2}}\left\{I_0\left(\dfrac{S^2}{2}\right)+\dfrac{1+2S^2}{2}\left[I_0\left(\dfrac{S^2}{2}\right)+I_1\left(\dfrac{S^2}{2}\right)\right]\right\} \\[4mm]
C_{x,r}(0)=\dfrac{\pi^{3/2}}{4u_\infty\sqrt{h_r}}\,,S=\sqrt{\dfrac{\gamma}{2}}M_\infty\,,h_r=\dfrac{m}{2kT_r}
\end{cases}
$$

$$(2-16)$$

Karr 和 Yen[32] 表明，自旋对阻力的影响是 Θ 的二阶项，升力分量 $C_y(\Theta)$ 与 Θ 成正比，类似于马格努斯效应，符号相反。动量特性的表达式见参考文献 [33]。

文献 [34] 对旋转圆柱的气动特性进行了数值计算，得到了不同的相似参数：克努森数 Kn_D 和自旋速率 Θ，利用直接模拟蒙特卡罗（DSMC）技术得到的数值结果，对旋转圆柱的特性进行了分析。将计算结果与实验数据、经典（连续流）数据以及 Ivanov 和 Yanshin 的自由分子流动数据进行了比较。

（1）亚声速稀薄气体流动状态

在亚声速条件下，速度比参数 S 变小，气动特性对其大小非常敏感。在亚声速条件下的连续流区，自旋速率参数 Θ 通常取为 3 或者 6。文献 [34] 对 $M_\infty=0.15$，$\gamma=5/3$（氩气），$t_w=1$，$\Theta=3$ 或者 6 时的过渡流流型进行了数值研究。

仿真结果表明，当 $Kn_D>0.03$ 时，反射分子的影响在过渡流区是显著的。当 $Kn_D<0.1$ 时，入射分子输入占据主导地位。在这种情况下，圆柱反时针方向的升力系数发生了符号变化，阻力系数对转速变化很敏感。在 $Kn_D>3$ 时，C_x 和 C_y 的值分别接近由式（2-15）计算的自由分子流的升力系数 $C_{y,fm}$ 和阻力系数 $C_{x,fm}$ 的大小。

在近自由分子流（$Kn_D=3.18$）和近连续体流（$Kn_D=0.032$）的流动状态下，旋转圆柱附近的流场分别如图 2-7 和图 2-8 所示。在这些情况下，流动的性质是完全不同的。在连续流状态下，循环流动区较宽，其宽度与圆柱半径相当。在近自由分子流动区，上下区域流动的不对称性是显著的。

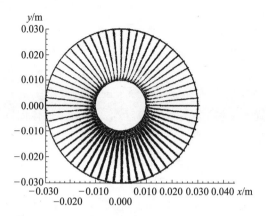

图 2 - 7 旋转圆柱附近在 $Kn = 3.18$、$Ma = 0.15$、$\Theta = 6$ 条件下的
速度向量流场模式

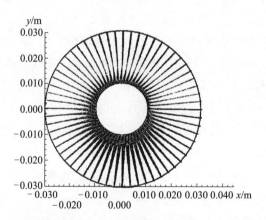

图 2 - 8 旋转圆柱附近在 $Kn = 0.032$、$Ma = 0.15$、$\Theta = 6$ 条件下的
速度向量流场模式

从旋转圆柱附近的 Ma 等值线可以很容易地计算出流动参数，在近自由分子流动区，流动参数的主要扰动集中在旋转圆柱表面附近。在近连续流动区的相反情况下，旋转效应显著改变了远离表面区域的流型。这些流型的差异在宏观统计水平上决定了分子-

表面相互作用的特征，也表征了在明显不同的流动条件下性能参数的差异。

结果表明，亚声速上游条件下旋转圆柱上的升力在连续流和自由分子流中有不同的符号。符号变化点位于 Kn_D 约等于 0.1 处的过渡流区。主要的影响因素是反射分子的动量大小。主要的相似准则是 Kn。自旋速率参数 $[\Theta=\Omega D/(2u_\infty)]$ 对圆柱体周围的流型以及力的大小有显著影响。

（2）超声速稀薄气体流动状态

在超声速流动条件下，速度比参数 S 变大，气动特性对其大小的敏感性不如亚声速流动。本节总结了 $Ma=10$、$\gamma=5/3$（氩气）、$t_w=T_0/T_w=1$、$\Theta=0.1$ 时的过渡流型。

当 $Kn>0.03$ 时，反射分子的影响在过渡流区占主导地位。当 $Kn<0.1$ 时，入射分子的输入变得显著。在所考虑的流动条件下，逆时针方向旋转圆柱的升力系数符号为正（与连续流动状态下的符号相反）。阻力系数对转速不敏感，入射部分 $C_{x,i}$ 阻力系数在总阻力系数 C_x 中的占比非常大。当 $Kn>4$ 时，C_x 和 C_y 的值接近由式（2-16）计算的升力系数 $C_{y,fm}$ 和阻力系数 $C_{x,fm}$ 的大小。

在近自由分子（ $Kn_D=1.09$ ）和近连续体（ $Kn_D=0.0109$ ）流动状态下，旋转圆柱附近的流场图分别如图 2-9 和图 2-10 所示。在这些情况下，流动的性质是完全不同的。在转速参数 $\Theta=0.1$ 时，循环流区位于表面附近，对远离表面的流动结构无显著影响。

图 2-11 和图 2-12 分别给出了在近自由分子流和近连续流动状态下旋转圆柱附近的 Ma 等值线。在近自由分子流动区，流动参数的主要扰动集中在旋转圆柱表面附近。在近连续流动区的情况则恰好相反，旋转效应改变了远离圆柱表面区域的流型（图 2-12）。在这种情况下，流型变得不对称。在宏观统计水平上，这些流型的特征差异主要体现在分子表面相互作用上。

在超声速逆流条件下，逆时针旋转圆柱升力系数的符号为正

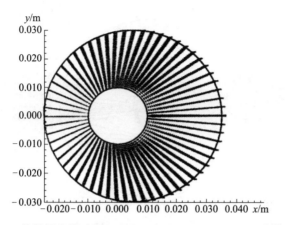

图 2 - 9　旋转圆柱附近在 Kn =3.18、Ma =0.15、$\varTheta$ =6 条件下的
速度向量流场模式

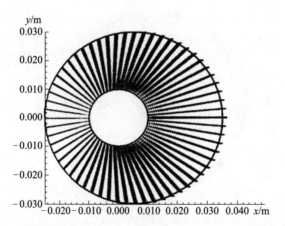

图 2 - 10　旋转圆柱附近在 Kn =0.032、Ma =0.15、$\varTheta$ =6 条件下的
速度向量流场模式

（与连续流动状态下的符号相反）。阻力系数对转速不敏感，入射部分 $C_{x,i}$ 决定了总阻力系数 C_x 的大小。

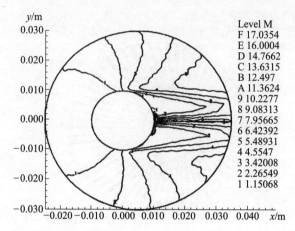

图 2 - 11　旋转圆柱附近在 $Kn = 1.09$、$Ma = 10$、$\Theta = 0.1$ 条件下的
常值马赫数云图

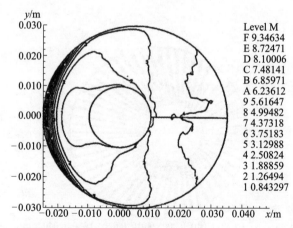

图 2 - 12　旋转圆柱附近在 $Kn = 0.010\ 179$、$Ma = 10$、$\Theta = 0.1$ 条件下的
常值马赫数云图

2.2.2　旋转圆柱体在湍流中的流动特性

当前，许多学者从理论、实验和数值计算等方面对旋转圆柱绕流进行了研究。旋转圆柱流动在空气动力学和工程结构设计中具有

重要的意义。旋转圆柱也是公认的边界层流动控制装置。有许多研究文章致力于旋转圆柱的应用或其他控制技术的实现，如吹气、吸气、表面粗糙度等[35-40]。

大多数研究的案例采用的是一个周期性流场，伴随着旋涡脱落活动。然而，流动的不稳定性与无量纲比 $a = U_h/U_\infty$ 的临界值密切相关，几乎与雷诺数 Re 无关，其中，U_h 是圆柱的周向速度，U_∞ 是自由流速度。普朗特[41]对旋转圆柱绕流进行了早期实验研究，根据实验结果和所拍摄的照片，在低转速下，可以观察到圆柱下游的流动分离。普朗特得出结论，在均匀流动下，旋转圆筒产生的最大升力系数不能超过 4π。然而，Tokumaru 和 Dimotakis 等[42]的报告结果与上述说法相矛盾。他们证明可以超过 4π 的极限，在 $Re = 3\ 800$ 和 $a = 10$ 时的计算显示升力系数比 4π 的极限大 20%。

（1）旋转圆柱的低雷诺数湍流流动

旋转圆柱的低雷诺数湍流流动一直是研究的热点。文献［43］用有限差分法求解 Navier - Stokes 方程，研究雷诺数 Re 为 5 和 20，无因次比 a 为 $0\sim0.5$ 时均匀黏性液体中的非对称流动。此外，Badr 等人还对低雷诺数下的定常和非定常流动进行了数值研究[44]。Ingham 和 Tang[45]在研究中引入了一种新的数值技术与级数展开相结合，以避免在满足远离圆柱的边界条件时遇到困难，对 Re 为 5、20 和 $0 \leqslant a \leqslant 3$ 时的流动进行了数值模拟。Ingham[46]和 Tang[45]还对二维定常流进行了数值模拟，将他们之前的研究工作扩展到了 $Re = 60$ 和 $100(0 \leqslant a \leqslant 1)$。Chen 等人采用显式伪谱技术求解基本方程组，对 $Re = 200$ 下的旋转圆柱流动进行了数值研究[47]，根据其研究结果，当 $a = 3.25$ 时，下游会有多个旋涡脱落。Kang[48]也为这一研究领域做出了重要贡献。在 $Re = 40$、60、100 和 160 时，在 $0 \leqslant a \leqslant 2.5$ 范围内进行了连续数值模拟。观察到在 $60 \leqslant Re \leqslant 160$ 时，有影响流动不稳定性的 a 的最大值，并绘制了 Re 呈对数变化的历程图。Mittal 和 Kumar[49]在 Chen 和 Patel[50]的工作基础上，对 $0 \leqslant a \leqslant 5$ 和 $Re = 200$ 进行了数值模拟，采用有限元法求解不可压缩 Navier -

Stokes 方程，获得了非常重要的结论，当 $a < 1.91$ 时，流动保持对时间的依赖性，然后在较高转速下变得稳定；但在 $4.34 < a < 4.70$ 时，它又变得不稳定。Kang[48]研究了具有均匀剪切的旋转圆柱的二维层流流动。数值模拟在 $Re = 100$ 和无量纲比 a 高达 5.5 时进行。此外，Wang 和 Tan[51]通过实验手段研究了靠近壁面的圆柱流动，主要研究了旋涡的脱落演化、平均脉动速度相关函数的分布以及圆柱与壁面间隙高度对流动的影响。

　　由于三维和湍流效应变得突出，中等雷诺数的圆柱流动（$Re > 1\ 000$）更难求解。Badr 等人[52]研究了旋转圆柱运动对流动时间演化的影响，对 $10^3 < Re < 10^4$ 和 $0.5 \leqslant a \leqslant 3$ 进行了实验和数值计算。他们的结果表明，实验和模拟之间有很好的一致性，除了 $a = 3$ 之外，还观察到了一些差异。另一个数值尝试是 Chew 等人使用混合涡方法对 $Re = 1\ 000$ 的情况进行了论证[53]。

　　对无量纲比率在 0～6 之间的工况进行研究，他们的结论与其他研究文章一致，当 a 超过接近 2.0 的临界值时，旋涡脱落就消失了。Nair 等人[54]应用高阶离散格式求解非定常二维流动方程。更具体地说，数值仿真工况为 $Re = 200$、$a = 0.5$ 和 $a = 1$，$Re = 1\ 000$、$a = 0.5$，$Re = 3\ 800$、$a = 0.5$。他们的数值结果与文献中可用的实验数据进行了比较，并检验了离散格式对解的精度的影响，始终是 a 的函数。由于 Navier - Stokes 方程是在 $Re = 10^3$、10^4 和 a 高达 3.0 时以"非原始变量形式"求解的，因此使用了流体的涡度方程。然而，由于应用边界条件的复杂性，文献中并不支持这种形式。

　　（2）旋转圆柱的高雷诺数湍流流动

　　高雷诺数圆柱绕流是由于剪切层不稳定性和完全湍流边界层早期的耦合作用而变得复杂的。此外，三维效应比层流状态更明显[55]。光滑圆柱绕流的临界雷诺数约为 3×10^5。当此临界值较高时，出现两个非线性过程。接近 $Re = 2 \times 10^5$ 时，流动变得不对称，在横流方向产生力。Schewe[56]通过实验证明在 Re 为 $(2.8～3.5) \times 10^5$ 时产生了平均升力。在这个范围内，阻力系数迅速下降。这种现象被称为阻力危机（Drag Crisis），它与流动的不对称性密切相关。剪切层不稳定点的上游位置相对于过渡的不分离流动区域易发生阻力危机。由于剪切层旋涡导致边界层与沿圆柱表面的外部流动混合，流动重新连接。压力阻力系数减小，摩擦项增加。然而，在 3.8×10^5 之后，由于湍流剪切应力的作用，阻力系数再次增加。

从公开文献来看，高雷诺数流动主要是针对非旋转圆柱进行的。Breuer[57]对高亚临界雷诺数 $Re = 1.4 \times 10^5$ 进行了全面的数值研究。湍流效应已被大涡模拟（Large Eddy Simulation，LES）方法所考虑，现有多个不同跨尺度网格和多种求解方法已应用于该问题的求解，对两个不同亚网格尺度（Sub-grid Scale，SGS）模型和不采用 SGS 模型的条件下的流动进行了求解，计算了流场特定区域的平均力系数和其他平均脉动项，并对上述网格参数和模型的影响进行了广泛的分析。实验结果与数值模拟结果吻合良好。文献［58］在雷诺数 5×10^5、10^6 和 2×10^6 条件下进行了 LES 数值模拟。他们的结果与非定常雷诺平均 Navier-Stokes（URANS）数据、RANS 数据和现有的实验测量结果进行了比较。

超临界雷诺数的湍流效应和高转速是一个必须解决的新问题，因为其具有工业应用和理论意义。在高雷诺数下，旋转圆柱流动的公开文献较少。Karabelas 针对 $Re = 1.4 \times 10^5$ 的旋转圆柱绕流开展了相关研究，对旋转比为 $0 \sim 2$、$Re = 1.4 \times 10^5$ 时进行了 LES 模拟。当旋转比大于 1.3 时，流动稳定，阻力明显减小。相反，升力系数在 $a = 2$ 时达到 5（图 2-13 和图 2-14）。

文献［43］试图解决高转速下旋转圆柱扰流的某些问题，研究了三个 Re，$Re = 5 \times 10^5$，$Re = 10^6$ 和 $Re = 5 \times 10^6$，以及从 $a = 0$ 到 $a = 8$ 的 12 个旋转速率。给出了 $Re = 5 \times 10^5$ 和 $a = 2$ 时的非定常运行结果，对文献［59］中"流动在 $a = 2$ 和高次临界 Re 下达到稳定状态"的结论进行了验证。模拟结果表明，经过短暂的无量纲时间后，平均流量不再是周期性的，达到了稳定状态。在文献［59］和文献［54］的基础上，指出在较高的转速和 Re 下，流动的湍流特性抑制了不稳定性和任何相关现象（如旋涡脱落）。因此，可以认为，当旋转速率大于 $a = 2$ 且 Re 大于 $5×10^5$ 时，流动变得稳定。

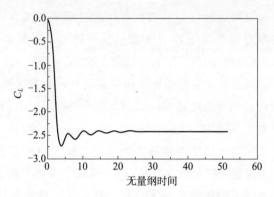

图 2-13 $Re - 5×10^5$ 和 $a = 2.0$ 时升力系数历程

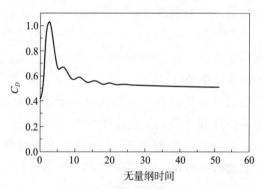

图 2-14 $Re = 5×10^5$ 和 $a = 2.0$ 时阻力系数历程

①不同 Re 和 a 下的二维流型

对于所考察的无量纲转速和雷诺数，流动达到稳定状态。在层流状态下，这在特定条件下是正确的。a、Re 应在特定值的范围内。超临界流型与层流流型有很大不同。图 2-15 所示为一些常见研究算例（相同转速）下，$Re = 200$ 时的超临界流线模式与层流流线模式的比较。可以观察到，对于层流情况，当 $a = 2$ 时，存在两个明显的停滞点。第一个（L_1）归因于旋转边界层与自由流的碰撞，而第二个（L_2）归因于圆柱体下游产生一个强大的旋涡，该旋涡是由于自由流层和旋转流体之间的强涡度梯度而形成的，该旋涡向上游和圆柱体顶部移动。随着无量纲转速的增加，上游停滞点向下游移动直到 $a = 4$。下游旋涡开始收缩，并在 $a = 4$ 时完全崩塌。对于更大的 a，流动变成一个单一的停滞点 L 旋转，它向自由流的外部区域移动。

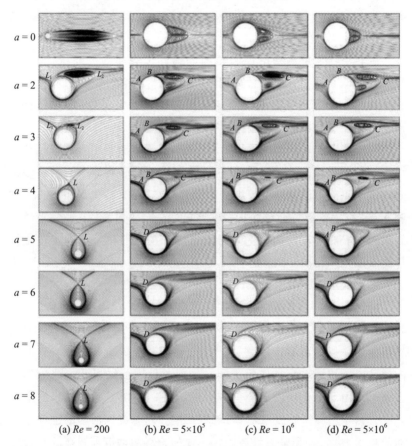

(a) $Re = 200$　　　(b) $Re = 5 \times 10^5$　　　(c) $Re = 10^6$　　　(d) $Re = 5 \times 10^6$

图 2-15　$Re = 200$、5×10^5、10^6、5×10^6 和旋转速率 $a = 0$、2、3、4、5、6、7 和 8 时的流线型。L_1 和 L_2 停滞点对于低转速（层流）是明显的，而 A、B、C 和 Z 则针对超临界雷诺数

可以清楚地观察到，除了上游区域的驻点 A 和下游涡附近的两个 C、Z 停滞点，高 Re 流动模式在圆柱表面附近呈现另一个驻点 B。对于 $a=2$，在 $\theta=180°$ 和 $\theta=150°$ 的吸入侧出现两个旋涡结构。对于 $a=3$，第一个旋涡崩塌。对于更大的转速，气流偏离上游，第二个涡流也被抑制（停滞点 C 崩溃）。然而，就其强度而言，它位于同一地区。可以观察到 A 点和 B 点随着转速的增加而接近。在 $a=5$ 时，合并形成一个新的单一停滞点 D，在较高的径向位置向外移动，而方位角位置略有变化。

旋转流体保持附壁的能力也与超临界边界层的一般特性有关。然而，在低 a 区存在一个分离区（从下游稳定涡的意义上讲），与非旋转情况下的分离区不同，但随着转速的增加，边界层分离消失，流动受到强烈旋转速度流场的影响。

一般情况下，流动结果与 Re 无关。然而，对于中等转速，有些差别是显而易见的。对于低转速 $a=2$，流型几乎相似。$Re=5\times10^5$ 时，吸力点附近的涡结构更细长，而 $Re=5\times10^6$ 时主涡略宽。$a=3$ 和 $a=4$ 在涡维数方面也存在一些差异。$Re=5\times10^6$ 时，圆柱下游的旋涡较厚。对于较大的比例，滞止点位于相似的位置，且旋转流体层的发展几乎相同。

②旋涡活动和力系数

旋转圆柱上的流体对其施加了显著的力，其大小和方向与非旋转情况下产生的载荷不同。由于马格努斯效应产生的升力[48]是空气动力学中分析的主要课题之一，旋转也会产生扭矩，从而阻碍流体的运动。该扭矩主要是作用于圆柱表面黏性力的结果。当湍流不可忽略时，由于边界层内湍流剪应力的出现，出现了更为强烈的集中涡区。由于边界层厚度总是受 Re 的影响，这种旋涡活动的强度强烈地依赖于 Re。在超临界流体中，主要的旋涡活动被限制在圆柱表面附近，而其余部分具有更低的涡度。图 2-16 描绘了无量纲涡度模量的等值线，表示低涡度流体（小于最大值 0.1% 的数值用彩色表示）。这种模式也是层流流动的代表，在层流流动中，圆柱处于高转速下，不存在尾流不稳定性。

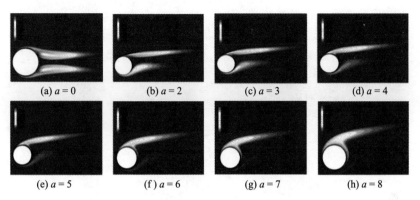

(a) $a = 0$　　　　(b) $a = 2$　　　　(c) $a = 3$　　　　(d) $a = 4$

(e) $a = 5$　　　　(f) $a = 6$　　　　(g) $a = 7$　　　　(h) $a = 8$

图 2 - 16　无量纲涡度模量的等值线（见彩插）

　　总升力系数、阻力系数和扭矩系数的数值结果如图 2 - 17 所示。图中还包括所研究的不同 Re 下的趋势。在 $Re = 5 \times 10^5$ 时，与 $Re = 10^6$ 相比，横向力略有增加，而当 $Re = 5 \times 10^6$ 时，升力变小。横向力指向 y 轴的负方向，因此总是产生向下的力。对于常数 Re，升力系数几乎线性增加。当 $Re = 5 \times 10^6$ 时，表现出轻微不同的现象，这可能是由于网格无法充分解析旋转速率大于 3 时的黏性壁面区域。

　　黏性分量对总升力的贡献如图 2 - 18 所示。黏性升力不超过 0.2%，因此可以忽略不计。在高转速下，$Re = 5 \times 10^5$、5×10^6 时，升力项下的黏性效应几乎相同，$Re = 5 \times 10^6$ 时，黏性效应更为强烈。然而，在 $a = 0$ 时，黏性效应在 $Re = 5 \times 10^5$ 时更为明显，其次是 $Re = 10^6$，最后是 $Re = 5 \times 10^6$。在 $a = 2$ 时，黏性升力在 $Re = 10^6$ 处最大。此外，压力和黏性升力相互抵消，因为它们的作用方向相反（黏性升力指向正 y）。

　　从图 2 - 18 中可以看出，对于所有研究的情况，阻力变化相似，因此它随 a 增大，随 Re 减小。黏性阻力的贡献不同于黏性升力。图 2 - 18 显示黏滞阻力在总阻力的 2.5% ~ 7% 范围内变化，并且随着转速的增加而增大。压力和黏性阻力都指向 x 正方向或自由流方向。

从同一张图中也可以清楚地看出，随着 Re 的减小，黏性阻力对总阻力的贡献增加。阻力和升力产生扭矩，压力不会产生相当大的扭矩，如图 2-18 所示。图 2-17 中绘制的曲线显示了扭矩随转速的减小而显著增加。扭矩矢量的方向表明：它抵抗圆柱体的旋转运动。

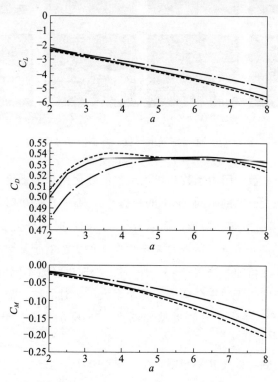

图 2-17　在 $Re=5\times10^5$（点画线）、$Re=10^6$（实线）和 $Re=5\times10^6$（虚线）下升力系数、阻力系数和扭矩系数与无量纲转速的关系

2.2.3　旋转波浪形圆柱体非定常流动特性

在亚临界雷诺数条件下，旋转圆柱绕流的不可压缩流动已有许多研究者进行过研究。旋转圆柱绕流问题的研究在空气动力学和工程结构设计中具有重要意义。旋转圆柱也是一种公认的边界层流动

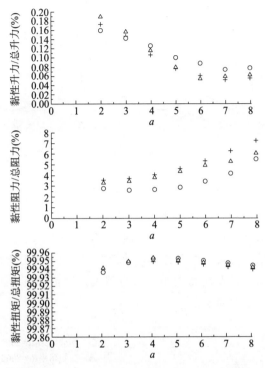

图 2-18 黏性阻力、升力和扭矩占比关系图

控制装置。然而，考虑到翼展方向的波浪壁附加影响时，更复杂的情况占优势。文献 [60] ~ [63] 等人研究揭示了波浪圆柱，可以减小其阻力，并使波动升力最小化。因此，可以抑制柱体的振动。在波浪圆柱面附近发现了从鞍面到节面（图 2-19）的展向流动，并且在鞍面尾迹中还存在一个较长的旋涡形成区，以及更快的反向流动。在波浪圆柱后的近尾流中，自由剪切层从鞍形附近形成，并沿翼展方向显著扩展。扭曲的二维旋涡卷起，在尾流中形成三维旋涡结构。波浪圆柱后的自由剪切层比圆柱体后的自由剪切层大得多，稳定得多，在一定的流动条件下，波浪圆柱体后面的自由剪切层甚至不会卷曲成涡街。结果表明，与直圆柱相比，展向波长 λ/D_m 在 2.5 ~ 6 之间的波浪圆柱可显著减阻 18%。

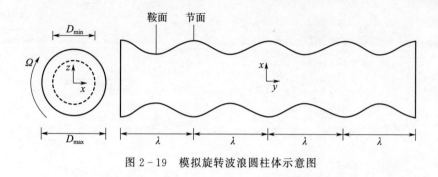

图 2 - 19　模拟旋转波浪圆柱体示意图

　　文献［64］比较了不同转速下旋转波浪圆柱和旋转圆柱的升力系数和阻力系数，并分析了尾流中的时均表面压力分布和瞬时旋涡脱落特性。图 2 - 20 显示了圆柱表面平均压力系数 C_p 分布的计算结果和实验结果的比较。可以看出，计算的 C_p 值普遍低于实验值，特别是在背风面，背风压力越小，阻力越大。数值计算得到的最小压力系数也略低于实验值。

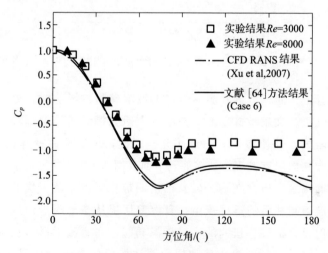

图 2 - 20　圆柱表面的平均压力系数分布

　　对波浪圆柱流动进行仿真，并与实验结果进行对比，结果如图 2 - 21 所示。从图 2 - 21 中可以看出，在节点平面和鞍面不同位置，预测的平均流向速度分布与实验吻合得很好。然而，在 $x/D_m=3$ 的位置，从目前的数值结果和实验测量结果可以观察到明显的差异。正如 Lam 等人所讨论的，$x/D_m=3$ 是流向速度分布的高度敏感区域，由于波浪圆柱后面尾迹中心线的反向流动位置的终点在 $x/D_m=3$ 的位置附近，因此这种差异是合理的。由于上述三种情况下的数值计算结果都具有很好的精度，因此可以认为现有的数值方法对于研究旋转波浪圆柱的非定常流动是可靠的。

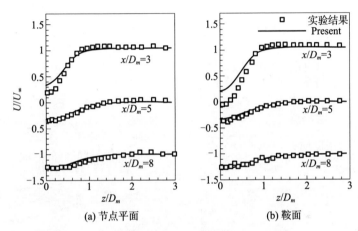

(a) 节点平面　　　　　　(b) 鞍面

图 2 - 21　驻波圆柱在不同位置的平均流向速度分布

　　图 2 - 22 给出了旋转波浪圆柱与直圆柱的受力特性对比，对于直圆柱，其直径为 D_{max}，展向长度也设置为 4λ。当 $a=0$ 时，波浪圆柱的平均阻力系数比直圆柱的平均阻力系数低约 24%，波动升力和阻力系数也比直圆柱低 36%。这些减阻和脉动力抑制的结果与之前的研究结果一致[60-63]。然而，波浪圆柱绕流的斯特劳哈尔数比直圆柱绕流时的斯特劳哈尔数要高，说明波浪圆柱尾流中的涡脱落频率增加。

　　当 $a=2$ 时，旋转波浪圆柱的升力系数平均值明显低于旋转圆柱，而阻力系数远高于旋转圆柱。波浪圆柱的脉动升力和阻力系数的振幅也比旋转直圆柱的大。对于直圆柱和波浪圆柱，由于表面旋转，斯特劳哈尔数都增加。旋转波浪圆柱的斯特劳哈尔数仍低于旋转圆柱。

当 a 进一步增加到 4 时，波浪圆柱周围的流动是稳定的，作用在波浪圆柱上的升力和阻力都不随时间变化。结果表明，在 $a=4$ 处旋转的波浪圆柱上的升力可以与 $a=2$ 处旋转的直圆柱的升力相同。但在 $a=4$ 时波浪圆柱的阻力远大于 $a=2$ 时的直圆柱。

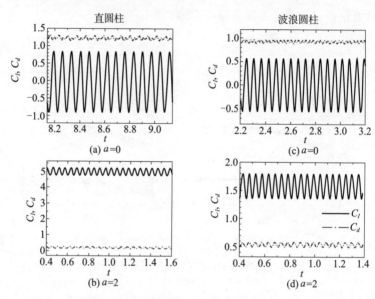

图 2-22　具有相同转速的直圆柱和波浪圆柱的升力和阻力系数历程

图 2-23 给出了在不同转速下，通过波浪圆柱的瞬时三维流动结构。在左图中，在垂直于波浪圆柱轴线的流向中间平面上，速度矢量的范围为 $[0, 2U_\infty]$，波浪圆柱表面上的色阶是相对压力范围 $0.42\rho_\infty U_\infty^2$ 到 $3.59\rho_\infty U_\infty^2$ 的等高线。在右图中，涡结构由 Lambda 2-准则识别，这是一种涡旋核心线检测算法，可以从三维流体速度场中充分识别涡。瞬时三维等值面值为 0.02，不同转速下速度幅值的色阶分别为 $0U_\infty \sim 1.65U_\infty$、$0U_\infty \sim 2.35U_\infty$ 和 $0U_\infty \sim 3.45U_\infty$（图 2-24）。

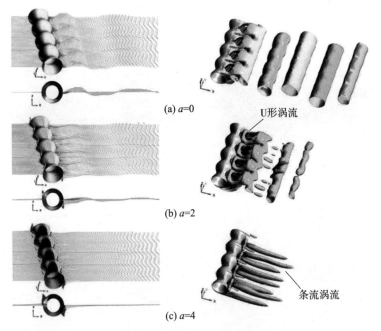

(a) a=0

U形涡流

(b) a=2

(c) a=4

条流涡流

图 2-23　不同转速下的流线中面上的速度矢量（左）和
由 Lambda 2-准则识别的涡结构（右）

当 a = 0 时，波浪圆柱尾迹中节点后的速度远低于马鞍的速度。波浪圆柱的展向流动比圆柱更明显。静止的波浪圆柱后的涡结构与圆柱后的涡结构十分相似。两个沿翼展方向对称的波纹涡管从上下表面交替脱落，由于近尾迹的周期性旋涡脱落，形成卡门涡街。

当 a = 2 时，由于圆柱的旋转，在壁面附近形成垂直速度分量，并且与波浪圆柱静止时相比，在远尾流中受到明显的阻尼。节点后的低速区域变长，而该区域内的速度加快。旋涡形成长度增加，周期性旋涡脱落被显著抑制。由于表面旋转，尾流中的流型变得不对称，并在与相邻涡相连的尾迹中可识别出 U 形涡结构。

当 a = 4 时，壁面纵向速度分量增强，近尾迹流动进一步加速，节点后不存在明显的低速区。旋涡形成长度进一步增大，周期性旋涡脱落被完全抑制。同时，卡门涡街变得不可见，尾迹变得稳定。

波浪圆柱各节点下方的涡结构在近尾迹区呈条带状，并在流向上拉长。

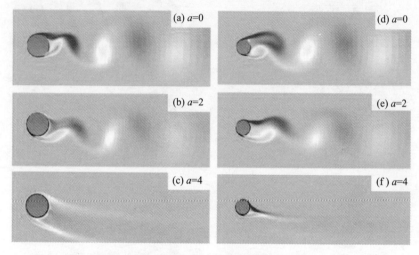

图 2-24　波浪圆柱在不同转速下节面和鞍面上展向涡度的瞬时等值线

　　如前所述，当圆柱静止时，波浪圆柱在减阻方面比直圆柱有明显的优势。实际上，对于旋转的波浪圆柱，其转速比旋转的直圆柱大两倍左右，才能获得相同的升力大小。由以上结果可知，节点面内的升力远小于鞍面内的升力。由于波纹表面的几何形状，流动结构也表现出明显的三维特征。低升力主要是由 Lam 等人报道的波纹管两侧由鞍面向节面方向流动引起的环流损失[64]。

2.3　旋转旋成体的气动特性

　　关于旋成体的马格努斯效应方面的研究，主要体现在弹丸的旋转方面，以下主要按照时间脉络从旋成体的马格努斯效应实验、理论发展和数值模拟等几个方面的研究进行介绍。

2.3.1　旋转旋成体马格努斯效应实验研究

1853 年，马格努斯进行了弹球的射击实验，在用滑膛枪发射球形弹丸的实验中发现，当球的质心在枪管中心线左边或右边时，球就相应地左旋或右旋，弹道就相应地左偏或右偏。20 世纪 50 年代，研究人员对旋转旋成体马格努斯效应进行了大量实验研究。Luchuk 和 Sparks[65] 在 NOL 40 cm×40 cm 风洞中进行了马格努斯效应研究，实验模型为 7 倍口径的 Army - Navy 炮弹，实验来流马赫数为 $Ma = 0.291 \sim 2.46$，攻角 $\alpha = 0° \sim 20°$，无量纲转速 $PR/V_\infty = 0 \sim 2$，结果表明，马格努斯力和力矩系数均随攻角呈非线性变化。

随后，Greene[66,67]、Platou[68] 和 Holmes 等人[69] 对不同长细比 Army - Navy 炮弹的马格努斯效应进行了大量实验研究，Fletcher[70]、Nikitin[71] 和 Uselton[72] 对不同长细比的尖拱＋圆柱外形在旋转条件下的马格努斯效应进行了大量的实验研究。不同长细比的旋转光弹身马格努斯效应的实验结果表明：弹长越长，马格努斯力系数越大；小攻角条件下，不同长细比弹身的无量纲马格努斯力压心的位置差别很大，但是大攻角条件下，不同长细比弹身的无量纲马格努斯力压心位置差别很小。

1957 年 Luchuk[73] 和 1958 年 Greene[67] 研究了头部形状对旋转光弹身马格努斯效应的影响，结果表明，头部形状对旋转光弹身马格努斯力系数的影响很大，分析表明，这是因为不同的头部外形有不同的压力梯度，会影响弹身边界层的发展，进而影响其边界层的转捩位置，最终导致产生的马格努斯力系数差别较大。

1959 年 Platou[68] 及 1973 年 Platou 和 Nielson[74] 研究了底部形状对旋转光弹身马格努斯效应的影响，结果表明，光弹尾部形状和船尾对旋转光弹身马格努斯力都有明显的影响。与改变头部外形的情况类似，改变尾部外形会改变弹体的压力梯度，影响弹身边界层的转捩位置，进而影响马格努斯力。

1959 年，Nicolaides 和 Brady[75] 首次对旋转圆锥马格努斯效应进行研究，实验模型是全锥角为 $20°$ 的圆锥，来流马赫数 $Ma = 2$，结果表明，马格努斯力矩的大小及方向都取决于边界层状态，即边界层是层流、湍流或者混合状态。

1971 年 Curry 等人[76]及 1972 年 Sturek[77]在相同的实验条件下进行了旋转圆锥马格努斯效应实验研究，但是结果表明，在 $Ma = 2$ 条件下，两个实验得到的马格努斯系数随转速的变化规律差别很大，经对比分析发现，这是由于两个实验过程中锥体上的转捩位置不一样造成的，因此研究人员意识到边界层转捩非对称畸变对马格努斯效应有很大影响。

1972 年，Fletcher[78]在对尖拱＋圆柱外形进行马格努斯效应实验研究中发现，在中等攻角条件下存在负马格努斯力，分析表明，旋转引起的边界层转捩非对称畸变与涡脱落的相互作用是导致该负马格努斯力产生的原因。1978 年，Birtwell 等人[79]发现在小攻角、低转速条件下，旋转的尖拱＋圆柱外形也存在负马格努斯力，虽未能明确给出该负马格努斯力的产生机理，但作者猜想该负马格努斯力也是由于边界层转捩的非对称畸变引起的。1976 年，Morton 等人[80]对有攻角的旋转圆柱边界层进行了实验研究，结果表明，在有攻角条件下，旋转诱使圆柱边界层转捩发生非对称畸变，而且转捩线位置前移，进而对边界层厚度分布产生影响。

1987 年，北京理工大学的吴甲生和徐文熙[81]对 7 倍口径的 Army - Navy 炮弹进行了马格努斯效应风洞实验研究，实验来流马赫数为 $Ma = 0.6 \sim 1.2$，攻角 $\alpha = -4° \sim 10°$，无量纲转速 $PR/V_\infty = 0.14 \sim 0.3$。结果表明，旋转模型转速自然衰减状态下的实验结果与美国海军兵器研究所的结果很符合。

2.3.2　旋转旋成体马格努斯效应理论研究

1955 年，美国弹道研究所的 Martin[82]最早从理论上预测旋转旋成体的马格努斯效应。Martin 采用小扰动理论和细长体理论得到全层流、小攻角和低转速条件下，旋转圆柱体马格努斯效应，具体表达式如式（2 - 17）和式（2 - 18）所示。

$$F_{mag} = \frac{13.15}{Re_L^{1/2}} q_\infty \frac{\alpha^*}{P^*} S \qquad (2-17)$$

$$M_{mag} = \frac{7.89}{Re_L^{1/2}} q_\infty \frac{\alpha^*}{P^*} SL \qquad (2-18)$$

其中，F_{mag} 是马格努斯力，M_{mag} 是马格努斯力矩，雷诺数 $Re_L = V_\infty L/v$，动压 $q_\infty = 0.5\rho V_\infty^2$，参考面积 $S = \pi R^2$，R 是弹体半径，L 是弹体长度，攻角 $\alpha^* = \alpha L/R$，转速 $P^* = V_\infty/(PL)$。Martin 方法虽然基于圆柱的研究得来的，但是对于炮弹外形也是适用的。这次的尝试为这个领域大量的后续工作奠定了基础。

1956 年，Kelly 和 Thacker[83] 将 Martin 的工作延伸，对于偏航、旋转的圆柱，考虑了高阶旋转项以及边界层的径向压力梯度非对称畸变，得到马格努斯力及其压心位置的表达式为

$$F_{mag} = \frac{15.67}{Re_L^{1/2}} q_\infty \frac{\alpha^*}{P^*} S \left(1 - \frac{0.53}{P^{*2}}\right) \qquad (2-19)$$

$$X_{cp} = 0.6L \left(1 - \frac{0.156}{P^{*2}}\right) \qquad (2-20)$$

采用与 Martin 相同的扰动分析方法，1956 年 Feibig[84] 和 1957 年 Sedney[85] 研究了旋转圆锥可压缩层流边界层情况下的马格努斯效应，具体表达式为

$$F_{mag} = \frac{91}{Re_L^{1/2}} q_\infty \alpha \frac{PR}{V_\infty} S \qquad (2-21)$$

$$M_{mag} = \frac{63.7}{Re_L^{1/2}} q_\infty \alpha \frac{PR}{V_\infty} SL \qquad (2-22)$$

1973 年，Jacobson、Vollmer 和 Morton[86] 研究了旋转圆锥不可压缩层流边界层情况下的马格努斯效应，具体表达式为

$$F_{mag} = \frac{30.86}{Re_L^{1/2}} q_\infty \alpha \frac{PR}{V_\infty} S \qquad (2-23)$$

$$M_{mag} = \frac{21.6}{Re_L^{1/2}} q_\infty \alpha \frac{PR}{V_\infty} SL \qquad (2-24)$$

1972 年，Vaughn 和 Reis[87] 考虑边界层位移厚度的非对称畸变

和径向压力梯度的非对称畸变，采用 Mangler 转换方法将有攻角条件下，旋转旋成体上的可压流动转换成平板布拉修斯流动，从而求解任意形状的马格努斯力和力矩，具体表达式为

$$F_{mag} = \frac{80}{Re_L^{1/2}} q_\infty \alpha \frac{PR}{V_\infty} S \left[1 - 0.021\,5 \left(\frac{1}{P^*} \right)^2 + 0.000\,37 \left(\frac{1}{P^*} \right)^4 \right]$$

$$(2-25)$$

$$M_{mag} = \frac{56.8}{Re_L^{1/2}} q_\infty \alpha \frac{PR}{V_\infty} SL \left[1 - 0.021\,5 \left(\frac{1}{P^*} \right)^2 + 0.000\,37 \left(\frac{1}{P^*} \right)^4 \right]$$

$$(2-26)$$

上述方法都是针对边界层状态为全层流或全湍流的情况，而且都得到了马格努斯力的压心位置与攻角和雷诺数无关的结果。Jacobson[88] 以及 Jacobson 和 Morton[89] 研究了偏航、旋转的圆柱和圆锥的层流边界层的稳定性，结果表明，有理由相信旋转旋成体边界层存在从层流到湍流的非对称转捩，这个非对称转捩会产生一个比全层流状态下预测的马格努斯力和力矩大得多的力和力矩；且马格努斯力的压心位置与攻角和雷诺数有关。Jacobson[90] 的研究结果表明，当旋转旋成体头部的边界层是混合边界层时，剪切力对马格努斯力和力矩的贡献很大。

2.3.3　旋转旋成体马格努斯效应数值研究

1971 年，Dwyer[91] 最早进行旋转旋成体马格努斯效应数值研究，他提出了四种差分格式求解旋转圆锥边界层方程，其中三种格式都有不稳定性问题，只有一种格式是稳定的，但是无法给定合适的初始条件，只能采用近似的迎风面流动分布作为初始条件。而且旋转圆锥背风面存在解不唯一的问题，Dwyer 最后提出通过在边界层方程里添加黏性项的方法解决解不唯一问题的设想。1973 年，Watkins[92] 通过对低旋转情况下的扰动分析来构建迎风面的流动分布，以解决初始问题。

1974 年，Lin 和 Rubin[93] 用预估-修正数值格式求解了旋转圆锥

层流边界层方程，保留了侧向的扩散项，得到了旋转圆锥背风面的唯一解，给出了边界层位移厚度、径向压力梯度和周向切应力分布，但是绕旋成体的位势流计算用的还是细长体理论。

1975 年和 1976 年，Dwyer 和 Sanders[94,95] 拓展了 Lin 和 Rubin 的工作，除用有限差分法求解旋转圆锥层流边界层方程外，还用 MacCormack 二阶冲击波捕捉法分析了位移厚度同无黏流的相互干扰。同时指出，在小攻角条件下旋转圆锥边界层方程是有效的，但是在中等攻角条件下需要采用边界层区域处理技术。最后完全求解有效外形的无黏流场，以计算位移厚度畸变对圆锥马格努斯力的贡献。

1977 年，Dwyer[96] 改进了旋转圆锥马格努斯效应的数值求解方法，在三维边界层方程中引入了轴向压力梯度项和湍流输运项；重新建立了三维边界层位移厚度计算公式；建立了适用于任意炮弹外形的边界层流动方程；同时为了用数值方法有效地计算湍流边界层，采用了壁面附近网格加密的坐标展开法。提出了计算具有湍流边界层的任意尖头旋转旋成体的马格努斯效应的数值方法。

1979 年，Jacobson 等用有限差分法计算了超声速条件下旋转旋成体的马格努斯效应。在各种边界层状态下研究了转速、马赫数、攻角和弹体长度变化对它的影响。指出边界层转捩非对称畸变对马格努斯力的影响十分重要；在转捩区不能忽略壁面纵向切应力的贡献；为了准确地模拟旋转旋成体绕流场及计算其马格努斯力，需要用非对称转捩所表征的混合边界层。

20 世纪 80 年代初，Sturek 等人[97-101] 以薄层抛物化的 Navier - Stokes（PNS）方程为控制方程，对不同外形旋转旋成体的绕流场进行了详细的数值模拟计算，研究了头部钝度、后体形状以及壁面边界条件等对马格努斯效应的影响。同年，Weinacht、Guidos 和 Kayser[102] 将改进的 PNS 数值计算方法——FINPNS 应用于 SOCBT 炮弹的计算，证实了改进后的方法计算效率更高。

21 世纪，随着数值计算方法的发展，Despirito 等人[103-106] 分别通过求解定常雷诺平均 N - S（RANS）方程的方法及采用非定常

RANS/LES 方法对 M910 炮弹、0.5 口径炮弹和 ANSR 炮弹进行了大量的马格努斯效应研究，结果表明，非定常 RANS/LES 方法可以模拟出炮弹尾迹中的湍流旋涡，提高了马格努斯力矩计算结果的精度。

　　上述对旋转旋成体马格努斯效应的数值模拟计算工作主要集中在考虑边界层位移厚度的非对称畸变、径向压力梯度的非对称畸变、主流切应力的非对称畸变、周向切应力的非对称畸变和体涡非对称畸变对马格努斯效应的贡献方面，并未研究边界层转捩非对称畸变对旋转旋成体马格努斯效应的影响。但实验研究表明，边界层转捩非对称畸变对旋转旋成体马格努斯效应的影响很大，甚至会导致马格努斯力出现换向的现象。图 2-25 给出了采用火花照相技术得到的旋转圆锥边界层转捩随转速的变化[107]（仰视图），其中白色部分表示层流，黑色部分表示湍流。从图 2-25 中可以看出，当圆锥不旋转时，转捩区相对于攻角平面是对称的；当圆锥旋转时，转捩区沿旋转方向移动，变为非对称的。

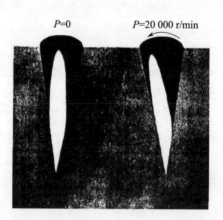

图 2-25　圆锥边界层转捩随转速变化的火花纹影图

2.4　小结

本章结合马格努斯效应产生的特点，对旋转圆球、旋转圆柱体、旋转旋成体的马格努斯效应的研究进展进行综述。关于旋转圆球，基于克努森数进行划分，分别对自由分子流、连续流和稀薄气体流中的流动进行了总结，同时对亚临界或超临界区雷诺数下的负马格努斯效应进行介绍；关于旋转圆柱体，则主要对稀薄气体流、湍流流动特性和波浪圆柱三个方面的研究进展进行介绍；关于旋转旋成体，则主要从实验、理论和数值研究三个方向的研究进行介绍，这一方向主要应用是旋转弹丸。总体来说，本章是马格努斯效应原理及机理研究的总结，可为后续马格努斯效应的仿真及其应用奠定基础。

参 考 文 献

[1] C T WANG. Free – Molecular Flow over a Rotating Sphere [J]. AIAA
       J. 1972, 10 (5): 713 – 714.

[2] P P BROWN, D F Lawler. Sphere Drag and Settling Velocity Revisited
       [J]. J. Environment. Eng. , 2003, 129 (3): 222 – 231.

[3] S A MORSi, A J Alexander. An Investigation of Particle Trajectories in Two –
       Phase Flow Systems [J]. J. Fluid Mech. , 1972, 55 (2): 193 – 208.

[4] N A ZARIN. Measurement of Non – Continuum and Turbulence Effects on
       Subsonic Sphere Drag [R]. NASA Report NCR – 1585, 1970.

[5] W R LAWRENCE. Free – Flight Range Measurements of Sphere Drag at
       Low Reynolds Numbers and Low Mach Numbers [R]. Arnold Eng.
       Development Center. Report AEDC – TR – 67 – 218, 1967.

[6] A B BAILEY, J HIATT. Free – Flight Measurements of Sphere Drag at
       Subsonic, Transonic, Supersonic, and Hypersonic Speeds for Continuum,
       Transition, and Near – Free – Molecular Flow Conditions (Arnold Eng.
       Development Center [R]. Report AEDC – TR – 70 – 291, 1971).

[7] A B BAILEY, J HIATT. Sphere Drag Coefficients for a Broad Range of
       Mach and Reynolds Numbers [J]. AIAA, 1972, 10 (11): 1436 – 1440.

[8] C B HENDERSON. Drag Coefficients of Spheres in Continuum and
       Rarefied Flows [J]. AIAA, 1976, 14 (6): 707 – 708.

[9] L E STERNIN, B N MASLOV, A A SHRAIBER, et al. Two – Phase
       Mono – and Polydisperse Gas – Particle Flows [M]. (Mashinostroenie,
       Moscow, 1980).

[10]   S I RUBINOW, J B KELLER. The Transverse Force on a Spinning Sphere
       Moving in a Viscous Fluid [J]. J. Fluid Mech. , 1961, 11 (3): 447 – 459.

[11]   H NIAZMAND, M RENKSIZBULUT. Surface Effects on Transient Three –
       Dimensional Flows Around Rotating Spheres at Moderate Reynolds

Numbers [J]. Computers and Fluids, 2003, 32 (10): 1405 – 1433.

[12] Y TSUJI, Y MORIKAWA, O MIZUNO. Experimental Measurements of the Magnus Force on a Rotating Sphere at Low Reynolds Numbers [J]. Trans. ASME. J. Fluids Eng. , 1985, 107 (4): 484 – 488.

[13] B OESTERLE, T BUI DINH. Experiments on the Lift of a Spinning Sphere in a Range of Intermediate Reynolds Numbers [J]. Experim. Fluids, 1998, 25 (1): 16 – 22.

[14] J H MACCOLL. Aerodynamics of a Spinning Sphere [J]. J. Roy. Aeronaut. Soc. , 1928, 32: 777 – 798.

[15] V A NAUMOV, A D SOLOMENKO, V P YATSENKO. Effect of the Magnus Force on the Motion of a Rigid Spherical Body at a High Angular Velocity [J]. Inzh. Fiz. Zh. , 1993, 65 (3): 287 – 290.

[16] A N VOLKOV. Aerodynamic Coefficients of a Spinning Sphere in a Rarefied – Gas Flow [J]. Fluid Dynamics, 2009, 44 (1): 141 – 157.

[17] G KIRCHHOFF. Vorlesungen uber Mathematische Physik: Mechanik [M]. (Teubner, Leipzig, 1876).

[18] S C R DENNIS, S N SINGH, D B INGHAM. The Steady Flow due to a Rotating Sphere at Low and Moderate Reynolds Numbers [J]. Fluid Mech. , 1980, 101 (2): 257 – 279.

[19] A N VOLKOV. The Aerodynamic and Heat Properties of a Spinning Spherical Particle in Transitional Flow [J]. (Proc. 6th Int. Conf. Multiphase Flow, Leipzig, ICMF' 2007, CD, Paper S2 Mon C 6).

[20] K I BORG, L H SODERHOLM, H ESSEN. Force on a Spinning Sphere Moving in a Rarefied Gas [J]. Phys. Fluids, 2003, 15 (3): 736 – 741.

[21] SCHLICHTING H. Boundary Layer Theory [M]. New York: McGraw – Hill, 1955.

[22] ACHENBACH E. Experiments on the Flow Past Spheres at Very High Reynolds Numbers [J]. J. Fluid Mech. , 1972, 54 (565): 565 – 575.

[23] WIESELSBERGER C. Weitere Feststellungen Uber Die Gesetze Des Flussigkeits Und Luftwiderstandes (Other Observations on the Laws of Fluid and air Resistance) [J]. Physik Zeitschrift, 1922, 23: 219 – 224.

[24] MUTO M, TSUBOKURA M, OSHIMA N. Negative Magnus lift in a

Rotating Sphere at Around Critical Reynolds Number [J]. Phys Fluids, 2012, 24: 014102.

[25]　MACCOLL J H. Aerodynamics of a Spinning Sphere [J]. J. Roy Aeronaut Soc. , 1928, 28: 777 - 798.

[26]　DAVIES J M. The Aerodynamics of Golf Balls [J]. J. Appl Phys. , 1949, 20: 821 - 828.

[27]　TSUJI Y, MORIKAWA Y, MIZUNO O. Experimental Measurement of the Magnus Force on a Rotating Sphere at Low Reynolds Numbers [J]. J. Fluid Eng. , 1985, 107: 484 - 488.

[28]　MASAYA MUTO, MAKOTO TSUBOKURA, NOBUYUKI OSHIMA. Numerical Visualization of Boundary Layer Transition When Negative Magnus Effect Occurs [J]. J. Vis 2012, 15: 261 - 268. DOI 10. 1007/s12650 - 012 - 0125 - 2 (2012)

[29]　TANEDA S. Negative Magnus Effect [J] . Rep Res Inst Appl Mech. , 1957, 5 (20): 123 - 128.

[30]　PRANDTL L, TIETJENS O G. Applied Hydro and Aeromechanics [M]. Dover Publications, Inc. , New York, NY, 1957.

[31]　LUGT H J. Vortex Flow in Nature and Technology [M]. New York: John Wiley & Sons, 1983.

[32]　KARR G R, Yen S M. Aerodynamic Properties of Spinning Convex Bodies in a Free Molecule Flow [J]. Proceedings of the Seventh Internationa Synposium on Rarefied Gas Dynamics, Vol. 1, ed. by Dino Dini, Editriice Tecnico Scientifica, Pisa, Italy, pp. 339 - 346.

[33]　IVANOV S G, YANSHIN A M. Forces and Moments Acting on Bodies Rotating About a Symmetry Axis in a Free Molecular Flow [J]. Fluid Dymamics, 1980, 15 (3): 449 - 453.

[34]　VLADIMIR V RIABOV. The Magnus Effect In Rarefied Gas Flow Near a Spinning Cylinder [J]. American Institute of Aeronautics and Astronautics. AIAA - 97 - 2307: 708 - 713 (1997).

[35]　P W BEARMAN. Vortex Shedding from Oscillating Bluff Bodies [J]. Annu. Rev. Fluid Mech. , 1984, (16): 195 - 222.

[36]　E BERGER, R WILLIE. Periodic Flow Phenomena [J]. Annu. Rev. Fluid

Mech. , 1972 (4): 313 - 340.

[37] M GAD EL HAK, D M BUSHNELL. Separation Control: Review [J]. ASME Trans. J. Fluid. Eng. , 1991 (113): 5 - 29.

[38] O M GRIFFIN, M S HALL. Review - vortex Shedding Lock - on and Flow Control in Bluff Body Wakes [J]. ASME Trans. J. Fluid. Eng. , 1991 (113): 526 - 537.

[39] B M SUMER, J FREDSOE. Hydrodynamics Around Cylindrical Structures, Advanced Series on Coastal Engineering [M]. World Scientific Publishing, Singapore, 1997.

[40] M M ZDRAVKOVICH. Review and Classification of Various Aerodynamic and Hydrodynamic Means for Suppressing Vortex Shedding [J]. J. Wind Eng. Ind. Aerodyn. , 1981 (7): 145 - 189.

[41] L PRANDTL. The Magnus Effect and Windpowered Ships [J]. Naturwissenschaften, 1925 (13): 93 - 108.

[42] P T TOKUMARU, P E DIMOTAKIS. Rotary Oscillation Control of Cylinder Wake [J]. J. Fluid Mech. , 1991 (224): 77 - 90.

[43] S J KARABELAS, B C KOUMROGLOU, C D ARGYROPOULOS, et al. High Reynolds Number Turbulent Flow Past a Rotating Cylinder [J]. Applied Mathematical Modelling, 2012 (36): 379 - 398.

[44] M BADR, P J S DENNIS, YOUNG. Steady and Unsteady Flow Past a Rotating Circular Cylinder at Low Reynolds Numbers [J]. Comput. Fluids, 1989 (17): 579 - 609.

[45] D B INGHAM, T TANG. A Numerical Investigation into the Steady Flow Past a Rotating Circular Cylinder at Low and Intermediate Reynolds Numbers [J]. J. Comput. Phys., 1990 (87): 91 - 107.

[46] D B INGHAM. Steady Flow Past a Rotating Cylinder [J]. Comput. Fluids, 1983 (11): 351 - 366.

[47] Y - M CHEN, Y - R OU, A J PEARLSTEIN. Development of the Wake Behind a Circular Cylinder Impulsively Started into Rotary and Rectilinear Motion [J]. J. Fluid Mech. , 1993 (253): 449 - 484.

[48] S KANG. Laminar Flow Over a Steadily Rotating Circular Cylinder Under the Influence of Uniform Shear [J]. Phys. Fluids, 2006, 18 (4): 106 - 112.

[49]　S MITTAL，B KUMAR. Flow Past a Rotating Cylinder [J]. J. Fluid Mech. ，2003 （476）：303 - 334.

[50]　H C CHEN，V C PATEL. Near - wall Turbulence Models for Complex Flows Including Separation [J]. AIAA J. 1988 （26）：641 - 648.

[51]　X K WANG，S K TAN. Near - wake Flow Characteristics of a Circular Cylinder Close to a Wall [J]. J. Fluids Struct，2007, 24 （5）：605 - 627.

[52]　M BADR，S C R COUTANCEAU，P J S Dennis, et al. Unsteady Flow Past a Rotating Circular Cylinder at Reynolds Numbers 103 and 104 [J]. J. Fluid Mech. ，1990 （220），459 - 484.

[53]　Y T CHEW, M. CHENG, S C LUO. A Numerical Study of Flow Past a Rotating Cylinder Using a Hybrid Vortex Scheme [J]. J. Fluid Mech. ，1995 （299）：35 - 71.

[54]　T M Nair，T K SENGUPTA，U S CHAUHAN. Flow Past Rotating Cylinders at High Reynolds Numbers Using Higher Order Upwind Scheme [J]. Comput. Fluids，1998 （27）：47 - 70.

[55]　S P SINGH，S MITTAL. Flow Past a Cylinder：Shear Layer Instability and Drag Crisis [J]. Int. J. Numer. Methods Fluids，2005 （47）：75 - 98.

[56]　G SCHEWE. On the Force Fluctuations Acting on a Circular Cylinder in Crossflow From Subcritical up to Transcritical Reynolds Numbers [J]. J. Fluid Mech. ，1983 （133 ）：265 - 285.

[57]　M BREUER. A Challenging Test Case for Large Eddy Simulation：High Reynolds Number Circular Cylinder Flow [J]. Int. J. Heat Fluid Flow，2000, 21 （5）：648 - 654.

[58]　P CATALANO，M WANG，G IACCARINO，et al. Numerical Simulation of the Flow Around a Circular Cylinder at High Reynolds Numbers [J]. Int. J. Heat Fluid Flow，2003, 24 （4）：463 - 469.

[59]　S J KARABELAS. Large Eddy Simulation of High - Reynolds Number Flow Past a Rotating Cylinder [J]. Int. J. Heat Fluid Flow，2010 （31）：518 - 527.

[60]　F H WANG，G D JIANG，K LAM. A Study of Velocity Fields in the Near Wake of a Wavy （Varicose） Cylinder by LDA [J]. Flow Meas. Instrum，2004 （15 ）：105 - 110.

[61]　K LAM，Y F LIN. Effects of Wavelength and Amplitude of a Wavy

Cylinder Incross – flow at low Reynolds Numbers [J]. J. Fluid Mech. ,
2009 (620): 195 – 220.

[62]　L ZOU, Y F LIN. Force Reduction of Flow Around a Sinusoidal Wavy
Cylinder [J]. J. Hydrodyn. Ser. B. , 2009 (21): 308 – 315.

[63]　Y F LIN, K LAM, L ZOU, et al. Numerical Study of Flows Past Airfoils
with Wavy Surfaces [J]. J. Fluids Struct, 2012.

[64]　Y Q ZHUANG, X J SUN, D G HUANG. Numerical Study of Unsteady
Flows Past a Rotating Wavy Cylinder [J]. European Journal of Mechanics /B
Fluids, 2018 (72): 538 – 544.

[65]　LUCHUK W, SPARKS W. Wind – tunnel Magnus Characteristics of the 7 –
Caliber Army – Navy Spinner Rocket [R]. Maryland: Naval Ordnance
Lab. White Oak Md. , 1954.

[66]　GREENE J E. Static Stability and Magnus Characteristics of the 5 – Caliber
and 7 – Caliber Army – Navy Spinner Rocket at Low Subsonic Speeds [R].
Maryland: Naval Ordnance Lab. White Oak Md., 1954.

[67]　GREENE J E. A Summary of Experimental Magnus Characteristics of a 7
and 5 – Caliber Body of Revolution at Subsonic Through Supersonic Speeds
[R]. Maryland: Naval Ordnance Lab. White Oak Md. , 1958.

[68]　PLATOU A S. The Magnus Force on a Short Body at Supersonic Speeds
[R]. Maryland: US Army Ballistic Research Laboratory, Aberdeen
Proving Ground, 1959.

[69]　HOLMES J E, REGAN F J, FALUSI M E. Supersonic Wind Tunnel
Magnus Measurements of the 7 –, 8 –, 9 – and 10 – Caliber Army – Navy
Spinner Projectile [R]. Maryland: Naval Ordnance Lab. White Oak
Md. , 1968.

[70]　FLETCHER C A J. Investigation of the Magnus Characteristics of a
Spinning Inclined Ogive – Cylinder Body at M = 0. 2 [R]. Salisbury:
Weapons Reserch Establishment, 1969.

[71]　NIKITIN S A. Aerodynamic Characteristics of a Spinning Body of
Revolution Situated at an Angle of Incidence in a Flow [J]. Izvestiia,
Seriia, Fizicheskikh: Tekhhnicheskikh Nauk, 1967 (6): 63 – 70.

[72]　CARMAN J B, USELTON J C. A Study of the Magnus Effects on a

Sounding Rocket at Supersonic Speeds [J]. Journal of Spacecraft and Rockets, 1971, 8 (1): 28 - 34.

[73]　LUCHUK W. The Dependence of the Magnus Force and Moment on the Nose Shape of Cylindrical Bodies of Fineness Ratio 5 at a Mach No. of 1. 75 [R]. Maryland: Naval Ordnance Lab White Oak Md. , 1957.

[74]　PLATOU A S, NIELSON G I T. Some Aerodynamic Characteristics of the Artillery Projectile XM549 [R]. Maryland: US Army Ballistic Research Laboratory, Aberdeen Proving Ground, 1973.

[75]　NICOLAIDES J D, BRADY J J. Magnus Moment on Pure Cones Supersonic Flight [R]. Maryland: Naval Ordnance Lab White Oak Md. , 1959.

[76]　CURRY W H, REED J F, RAGSDALE W C. Magnus Data on the Standard 10 Cone Calibration Model [R]. Albuquerque: Sandia Laboratories, 1971.

[77]　STUREK W B. Boundary - Layer Distortion on a Spinning Cone [J]. AIAA Journal, 1973, 11 (3): 395 - 396.

[78]　FLETCHER C A J. Negative Magnus Forces in the Critical Reynolds Number Regime [J]. Journal of Aircraft, 1972, 9 (12): 826 - 834.

[79]　BIRTWELL E P, COFFIN J B, COVERT E, et al. Reverse Magnus Force on a Magnetically Suspended Ogive Cylinder at Subsonic Speeds [J]. AIAA Journal, 1978, 16 (2): 111 - 116.

[80]　MORTON J B, JACOBSON I D, SAUNDERS S. Experimental Investigation of the Boundary Layer on a Rotating Cylinder [J]. AIAA Journal, 1976, 14 (10): 1458 - 1463.

[81]　吴甲生, 徐文熙. BS - 7 基本旋转模型 Magnus 风洞实验 (一) [J]. 弹箭与制导学报, 1987 (4): 15 - 21.

[82]　MARTIN J C. On Magnus Effects Caused by the Boundary - Layer Displacement Thickness on Bodies of Revolution at Small Angles of Attack [J]. Journal of the Aeronautical Sciences, 1957, 24 (6): 421 - 429.

[83]　KELLY H R, THACKER G R. The Effect of High Spin on the Magnus Force on a Cylinder at Small Angles of Attack [R]. China Lake: US Naval Ordance Test Station, 1956.

[84]　FEIBIG M. Laminar Boundary Layer on a Spinning Circular Cone in

Supersonic Flow at a Small Angle of Attack [R]. New York: Cornell University, 1956.

[85] SEDNEY R. Laminar Boundary Layer on a Spinning Cone at Small Angles of Attack in a Supersonic Flow [J]. Journal of the Aeronautical Sciences, 1957, 24 (6): 430 - 436.

[86] JACOBSON I D, VOLLMER A G, MORTON J B. Calculation of the Velocity Profiles of the Incompressible Lanimar Boundary Layer on a Yawed Spinning Cone and the Magnus Effect [R]. Charlottesville: University of Virginia, 1973.

[87] VAUGHN H R, REIS G E. A Magnus Theory [J]. AIAA Journal, 1973, 11 (10): 1396 - 1403.

[88] JACOBSON I D. Influence of Boundary - Layer Transition on the Magnus Effect [D]. Charlottesville: University of Virginia, 1970.

[89] JACOBSON I D, MORTON J B. Influence of Boundary - Layer Stability on the Magnus Effect [J]. AIAA Journal, 1973, 11 (1): 8 - 9.

[90] JACOBSON I D. Contribution of a Wall Shear Stress to the Magnus Effect on Nose Shapes [J]. AIAA Journal, 1974, 12 (7): 1003 - 1005.

[91] DWYER H. Hypersonic Boundary Layer Studies on a Spinning Sharp Cone at Angle of Attack [C]. American Institute of Aeronautics and Astronautics, 1971.

[92] WATKINS C B. Laminar Symmetry - Plane Boundary Layer on a Sharp Spinning Body at Incidence [J]. AIAA Journal, 1973, 11 (4): 559 - 561.

[93] LIN T C, RUBIN S G. Viscous Flow over Spinning Cones at Angle of Attack [J]. AIAA Journal, 1974, 12 (7): 975 - 985.

[94] DWYER H A, SANDERS B R. Magnus Forces on Spinning Supersonic Cones. I - The Boundary Layer [C]. American Institute of Aeronautics and Astronautics, 1975.

[95] SANDERS B R, DWYER H A. Magnus Forces on Spinning Supersonic Cones II - Inviscid flow [J]. AIAA Journal, 1976, 14 (5): 576 - 582.

[96] DWYER H A. Methods for Computing Magnus Effects on Artillery Projectiles [R]. Maryland: US Army Ballistic Research Laboratory, Aberdeen Proving Ground, 1977.

[97] STUREK W B, MYLIN D C, BUSH C C. Computational Parametric Study of the Aerodynamics of Spinning Slender Bodies at Supersonic Speeds [J]. AIAA Journal, 1981, 19 (8): 1023 - 1024.

[98] STUREK W B, SCHIFF L B. Numerical Simulation of Steady Supersonic Flow over Spinning Bodies of Revolution [J]. AIAA Journal, 1982, 20 (12): 1724 - 1731.

[99] STUREK W B, MYLIN D C. Computational Study of the Magnus Effect on Boattailed Shell [J]. AIAA Journal, 1982, 20 (10): 1462 - 1464.

[100] STUREK W B, NIETUBICZ C J, GUIDOS B. Computational Study of Nose Bluntness Effects for Spinning Shells at Supersonic Speeds [J]. Journal of Spacecraft and Rockets, 1984, 21 (1): 16 - 20.

[101] NIETUBICZ C J, STUREK W B, HEAVEY K R. Computations of Projectile Magnus Effect at Transonic Velocities [J]. AIAA Journal, 1985, 23 (7): 998 - 1004.

[102] WEINACHT P, GUIDOS B J, KAYSER L D, et al. PNS Computations for Spinning and Fin - stabilized Projectiles at Supersonic Velocities [C]. Maryland: US Army Ballistic Research Laboratory, Aberdeen Proving Ground, 1985.

[103] DESPIRITO J, HEANEY K. CFD Computation of Magnus Moment and Roll Damping Moment of a Spinning Projectile [C]. American Institute of Aeronautics and Astronautics, 2004.

[104] DESPIRITO J. CFD Prediction of Magnus Effect in Subsonic to Supersonic Flight [C]. American Institute of Aeronautics and Astronautics, 2008.

[105] DESPIRITO J. Effects of Base Shape on Spin - Stabilized Projectile Aerodynamics [C]. American Institute of Aeronautics and Astronautics, 2008.

[106] DESPIRITO J, SILTON S I. Capabilities for Magnus Prediction in Subsonic and Transonic Flight [R]. Maryland: US Army Ballistic Research Laboratory, Aberdeen Proving Ground, 2008.

[107] STUREK W B. Boundary Layer Studies on a Spinning Cone [R]. Maryland:, US Army Ballistic Research Laboratory, Aberdeen Proving Ground, 1973.

第 3 章　典型马格努斯效应的运动模型与轨迹分析

现实生活中存在各种各样的旋转体，如陀螺、空竹等，它们在旋转过程中可以达到一种稳定的状态。马格努斯力的值一般很小，通常为相应法向力的 1%～10%。但是，当马格努斯力及其力矩的值超过某一限度时，将会发生马格努斯效应不稳定、耦合共振、自转闭锁、灾难偏航等现象，使旋转体飞行失常。导弹在打击过程中，为了克服一些不确定因素的影响，通常也会采用旋转的方式增加弹体的稳定度，来实现打击目标的准确度[1]。因此，我们有兴趣去研究物体在旋转过程中的原理与作用。

3.1　马格努斯滑翔机的运动模型与轨迹分析

大家小的时候一定都玩过纸飞机，纸飞机可以折成各种样式，发射前对着纸飞机哈一口气，然后就可以比比谁的飞机飞得更远、更平稳。今天，给大家详细介绍一种比纸飞机更酷的玩意儿——马格努斯滑翔机。

通过第 1 章的马格努斯滑翔机科学实验，可以看出简单的小制作蕴含着深奥的科学道理，然而平稳落地的马格努斯滑翔机是怎样达到"滑翔"效果的呢？

3.1.1　马格努斯滑翔机的运动模型

为便于分析旋转体的运动轨迹，我们将地面坐标系作为参考坐标系。具体定义为：地面坐标系 $Oxyz$ 的坐标原点在地面某处，Oxy 平面表示地面，z 轴垂直地面向上，Oy 轴与 Ox 轴和 Oz 轴构成右手直角坐标系。不同的是，在处理不同旋转体时，会将地面坐标系原点平移到不同的位置，坐标轴方向保持一致。若 x 正向与旋转体运动方向同向，旋转体在运动过程中会受重力、空气阻力和马格努斯力的影响，则根据牛顿第二定律，旋转体矢量形式的质心动力学方程为

$$m\,\frac{\mathrm{d}^2\boldsymbol{r}}{\mathrm{d}t^2} = \boldsymbol{F}_d + \boldsymbol{F}_m + m\boldsymbol{g} \qquad (3-1)$$

式中，m 为旋转体的质量；$\boldsymbol{g}$ 为重力加速度；$\boldsymbol{r}$ 为旋转体的位置矢径；$\boldsymbol{F}_m$ 为旋转体的马格努斯力，与旋转体速度 $\boldsymbol{v}$ 和旋转角速度 $\boldsymbol{\omega}$ 均垂直，不同旋转体的马格努斯力会有不同的表达形式[2-4]；$\boldsymbol{F}_d$ 为旋转体的阻力，与旋转体速度方向相反，可用下式进行计算

$$\boldsymbol{F}_d = -\frac{1}{2}C_d \rho S v \boldsymbol{v} \qquad (3-2)$$

式中，C_d 为空气阻力系数；$\rho = 1.225 \text{ kg/m}^3$ 为标准状况下空气密度；S 为旋转体的迎流面积；v 为速度矢量 $\boldsymbol{v}$ 的大小。

　　鉴于马格努斯滑翔机的实际运动形式，这里仅考虑其速度方向与铅垂方向的运动。将马格努斯滑翔机用圆柱体等价，根据文献[2] 的推导，单位长度的圆柱旋转时的马格努斯力为

$$\boldsymbol{F}_m = 2\pi \rho r_0^2 \boldsymbol{\omega} \times \boldsymbol{v} \qquad (3-3)$$

式中，r_0 为旋转体的半径；$\boldsymbol{\omega}$ 为旋转体的旋转角速度；"$\times$" 表示叉乘运算。根据式（3-1）～式（3-3），则马格努斯滑翔机的动力学模型可表示为[5,6]

$$\begin{cases} m\ddot{x} + kv\dot{x} - Q\omega\dot{z} = 0 \\ m\ddot{z} + kv\dot{z} + Q\omega\dot{x} + mg = 0 \end{cases} \qquad (3-4)$$

式中，m 为马格努斯滑翔机的质量；其速度 $v = \sqrt{\dot{x}^2 + \dot{z}^2}$；$k = 0.5C_d \rho S$，$Q = 2\pi \rho r^2 l$，$r$ 为马格努斯滑翔机用圆柱体等价的圆柱半径，l 为滑翔机长度；$g = 9.802 \text{ m/s}^2$，为重力加速度；ω 为旋转角速度大小，旋转轴为地面坐标系 y 轴，指向负方向，此时产生向上的马格努斯力；马格努斯滑翔机的迎风面积为 $S = l \cdot 2r$。由动量矩定理 $M = J\dot{\omega}$，可以得到

$$\omega = \omega_0 \exp\left(-\frac{2kr^2}{J}t\right) \tag{3-5}$$

式中，ω_0 为初始旋转角速度；J 为马格努斯滑翔机的转动惯量，因马格努斯滑翔机沿长轴旋转，因此在用圆柱体等价时，有 $J = 0.5mr^2$。

3.1.2 马格努斯滑翔机的轨迹分析

考虑用两个纸杯制作的马格努斯滑翔机，其具体参数和仿真条件分别如图 3-1 所示和见表 3-1。

表 3-1 滑翔机参数与仿真条件

滑翔机参数					仿真条件		
质量/kg	高度 h/m	上底 D_2/m	下底 D_1/m	迎风面积/m^2	初始发射高度/m	初始发射速度/(m/s)	旋转角速度/Hz
0.02	0.085	0.052	0.075	0.011	1.5	6	11

假设大气阻力系数取 0.4，则不同发射角度下的仿真结果如图 3-2～图 3-7 所示。

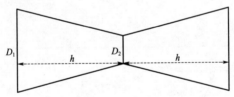

图 3-1 马格努斯滑翔机示意图

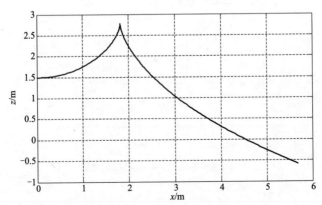

图 3-2 水平射出时的轨迹图

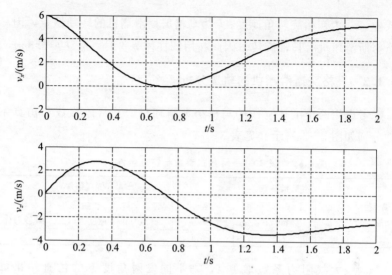

图 3-3 水平射出时水平和垂直方向速度曲线图

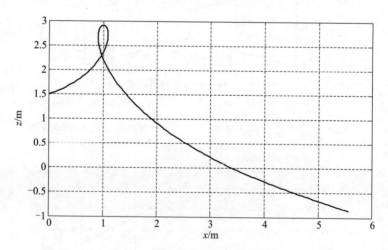

图 3-4 仰角 20°射出时的轨迹图

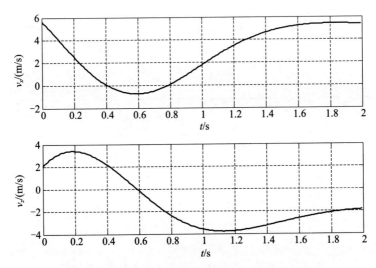

图 3-5 仰角 20°射出时水平和垂直方向速度曲线图

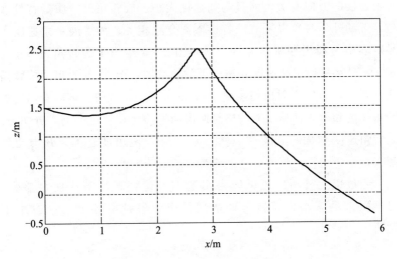

图 3-6 俯角 20°射出时的轨迹图

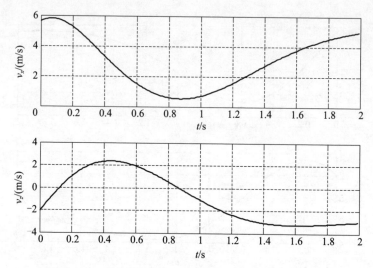

图 3 - 7　俯角 20°射出时水平和垂直方向速度曲线图

　　从动力学模型分析可以看出，马格努斯滑翔机的运动轨迹不仅
与初速度的方向有关，而且与初速度大小、旋转角度、质量特性参
数、气动外形参数以及气动特性参数息息相关。为了展示角速度大
小对马格努斯滑翔机轨迹的影响，图 3 - 8 给出了旋转角速度 5～
12 Hz 且水平射出初速度 6 m/s 下的轨迹图，图 3 - 9 给出了旋
转角速度 11 Hz 且水平射出初速度 4～8 m/s 下的轨迹图。可以看出，旋
转角速度和射入初速度对马格努斯滑翔机的运动轨迹影响十分明显。
旋转角速度越大，升力就越大；水平射入初速度越大，升力也就
越大。

　　通过以上分析，还可以得出这一推论：若平动速度足够大，
空气阻力足够小，马格努斯滑翔机应会保持滑翔很长一段水平
距离。

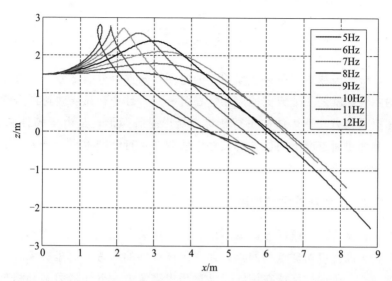

图 3 - 8　不同旋转角速度大小射出时的轨迹图（见彩插）

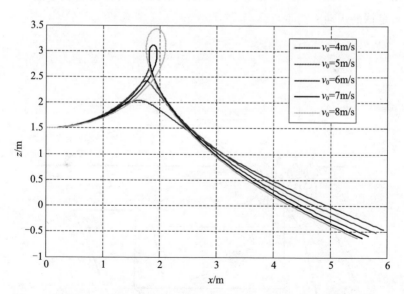

图 3 - 9　不同初速度大小且水平射出时的轨迹图（见彩插）

3.2　香蕉球的运动模型与轨迹分析

旋转圆球效应在各类球类中的应用被发挥得淋漓尽致,足球中的定位球就是一个典型的应用。在各种定位球中,弧线轨迹的香蕉球更具威力。香蕉球的飞行轨迹之所以呈香蕉形,是由于脚外侧、内侧和正面与球不同位置的接触,使球在飞行时产生了不同方向的旋转而形成的。

3.2.1　香蕉球的运动模型

根据旋转角速度方向的不同,香蕉球又存在上旋、下旋和侧旋三种情况。以罚球点为原点,建立足球运动的参考地面坐标系,如图 3 - 10 所示。足球在旋转运动过程中受重力、空气阻力和马格努斯力三个力的影响,马格努斯力的方向与足球的瞬时转轴垂直,且与足球的运动方向垂直。

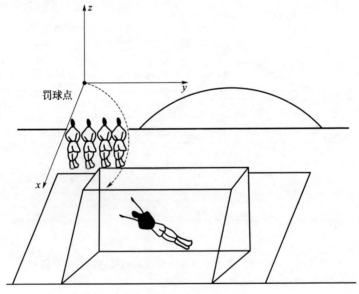

图 3 - 10　足球在空间运动示意及参考坐标系

根据文献〔2〕的推导，圆球旋转时的马格努斯力可表示为

$$\boldsymbol{F}_m = \frac{8}{3}\pi \rho r_0^3 \boldsymbol{\omega} \times \boldsymbol{v} \qquad (3-6)$$

这里假设足球的半径为 r_0，根据式（3-1）、式（3-2）和式（3-6），香蕉球的动力学方程可表示为[3,7,8]

$$m\frac{\mathrm{d}^2 \boldsymbol{r}}{\mathrm{d}t^2} = -\frac{1}{2}C_d \rho S v \boldsymbol{v} + \frac{8}{3}\pi \rho r_0^3 \boldsymbol{\omega} \times \boldsymbol{v} + m\boldsymbol{g} \qquad (3-7)$$

在飞行过程中，速度和角速度的方向可以分别投射到三维坐标轴上，有

$$\begin{cases} \boldsymbol{v} = v_x \vec{\boldsymbol{x}} + v_y \vec{\boldsymbol{y}} + v_z \vec{\boldsymbol{z}} \\ \boldsymbol{\omega} = \omega_x \vec{\boldsymbol{x}} + \omega_y \vec{\boldsymbol{y}} + \omega_z \vec{\boldsymbol{z}} \end{cases} \qquad (3-8)$$

其中

$$\boldsymbol{\omega} \times \boldsymbol{v} = \begin{vmatrix} \vec{\boldsymbol{x}} & \vec{\boldsymbol{y}} & \vec{\boldsymbol{z}} \\ \omega_x & \omega_y & \omega_z \\ v_x & v_y & v_z \end{vmatrix}$$

$$= (\omega_y v_z - \omega_z v_y)\vec{\boldsymbol{x}} + (\omega_z v_x - \omega_x v_z)\vec{\boldsymbol{y}} + (\omega_x v_y - \omega_y v_x)\vec{\boldsymbol{z}}$$

则香蕉球的动力学方程式（3-7）分解到各坐标轴上，有

$$\begin{cases} \dot{x} = v_x \\ \dot{y} = v_y \\ \dot{z} = v_z \\ \ddot{x} = -\dfrac{1}{2m}C_d \rho S v v_x + \dfrac{8}{3m}\pi \rho r_0^3(\omega_y v_z - \omega_z v_y) \\ \ddot{y} = -\dfrac{1}{2m}C_d \rho S v v_y + \dfrac{8}{3m}\pi \rho r_0^3(\omega_z v_x - \omega_x v_z) \\ \ddot{z} = -\dfrac{1}{2m}C_d \rho S v v_z + \dfrac{8}{3m}\pi \rho r_0^3(\omega_x v_y - \omega_y v_x) - g \end{cases} \qquad (3-9)$$

这里 $v = \sqrt{v_x^2 + v_y^2 + v_z^2}$ 。

3.2.2　香蕉球的轨迹分析

仿真分析时，空气的阻力系数 C_d 取 0.35。假设足球以 45° 在 xz

平面内踢出，不考虑角速度大小的变化，也不考虑踢出的香蕉球能否进入球门，相关数据见表 3-2。

表 3-2　足球参数与仿真条件

足球参数		仿真条件	
质量/kg	半径/m	初始速度/(m/s)	旋转角速度/Hz
0.45	0.11	$15\sqrt{2}$	10

（1）上旋、下旋情况

定义上旋时角速度 $\boldsymbol{\omega}$ 沿 y 轴负方向，下旋时角速度 $\boldsymbol{\omega}$ 沿 y 轴正方向。此时，马格努斯力、重力和阻力都在一个平面内，球体的飞行轨迹也在 xz 平面内。图 3-11 和图 3-12 分别给出了上旋和下旋时的轨迹图。

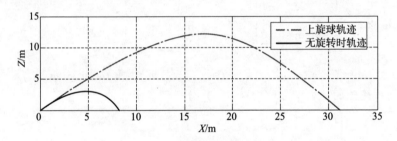

图 3-11　上旋球 xz 平面运动轨迹

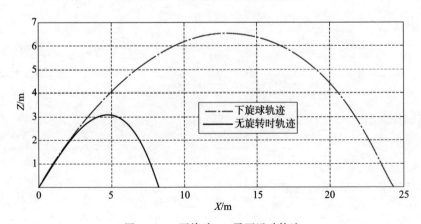

图 3-12　下旋球 xz 平面运动轨迹

由图 3-11 和图 3-12 可以看出，上旋时马格努斯力方向竖直向上，相当于抵消了一部分重力作用，足球飞行的高度较高。而下旋球受到的马格努斯力方向竖直向下，相当于加大了重力作用，足球飞行高度较低，甚至比上旋球低了近 7 m。由于上旋球在空中飞行的时间较长，所以水平飞行的距离也比下旋球要多出约 7 m，但是无论是上旋球还是下旋球的飞行距离，都明显比无旋转时的距离要远得多。这也说明足球在飞行过程中，马格努斯力对飞行轨迹的影响非常大。

（2）侧旋情况

侧旋情况是指球体旋转角速度 $\boldsymbol{\omega}$ 的方向与球体初始射出速度方向垂直。当与速度方向顺时针成 90°时定义为右旋，与速度方向逆时针成 90°时定义为左旋。

图 3-13 和图 3-14 分别给出了左旋和右旋时的三维轨迹图。

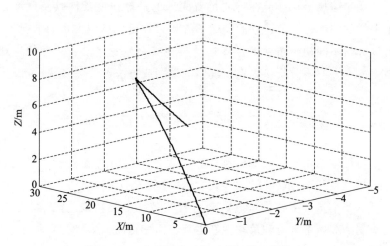

图 3-13　左旋射出时足球的三维运动轨迹

由图 3-13 和图 3-14 可以看出，由于足球旋转产生的马格努斯力，让足球飞行的轨迹发生了明显的偏转：右旋会让足球向左边发生偏转（向 ＋y 偏转），左旋会让足球向右边发生偏转，这就是足球里经常说的"圆月弯刀"或者"香蕉球"。

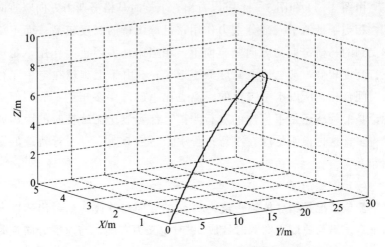

图 3 - 14   右旋射出时足球的三维运动轨迹

在足球场上，球员在不同位置踢球的进球速度条件以及概率是不一样的。通过本节建立的动力学方程，在给定球门大小的情况下，可以分析不同初始条件下足球运动员在某个位置踢出香蕉球的进球概率。本书不再分析该内容，具体的思想或方法可参考文献[9]。

3.3   乒乓球的运动模型与轨迹分析

与足球相比，乒乓球的旋转种类繁多，有趣的现象令人眼花缭乱，如"蛇球""电梯球""零式发球""消失的发球"等。虽然乒乓球可以产生多种多样的旋转，会有各式各样的旋转轴，但是，它始终是围绕 3 条基本转轴及 6 种基本旋转而变化的。

3.3.1   乒乓球的运动模型

乒乓球在空中飞行主要受到重力、空气浮力（很小，一般可忽略）、空气阻力和马格努斯力的作用。在标准情况下，重力和空气浮力一般为常量；空气阻力一般与乒乓球飞行速度的平方成正比，方向与飞行速度相反；马格努斯力是飞行和旋转相互作用的结果，大小和方向均取决于飞行速度和旋转速度的外积。在这几种力的相互作用下，乒乓球的飞行运动复杂，呈现高阶非线性。当旋转速度与飞行速度有较大夹角且旋转速度较高时，乒乓球的运动轨迹会出现较大的偏移，即旋转乒乓球的飞行轨迹为弧线。

　　建立球桌坐标系，该坐标系的 Z_w 轴垂直于球桌竖直向上，Y_w 轴平行于球桌长边由一方球员指向对手球员，X_w 轴平行于球桌短边指向机器人的右手方向，坐标原点为球桌的中心点，如图 3 - 15 所示。从球员位置看，X_w 轴为左右轴，Y_w 轴为前后轴，Z_w 轴为上下轴。

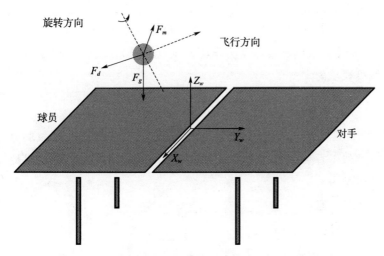

图 3 - 15　球桌坐标系与旋转乒乓球受力分析示意图

　　根据击球时的旋转方向，旋转乒乓球在运动时有上旋球和下旋球、左侧旋球和右侧旋球、顺旋球和逆旋球。俯视时，球绕 Z_w 轴逆时针旋转为右侧旋球，顺时针旋转为左侧旋球；从左向右看，球绕 X_w 轴逆时针旋转为上旋球，顺时针旋转为下旋球（注意此处与足球上旋球和下旋球定义的异同）；从后往前看，球绕 Y_w 轴逆时针旋转为逆旋球，顺时针旋转为顺旋球。

　　旋转乒乓球在空中主要受到重力 F_g 、空气阻力 F_d 和马格努斯

力 F_m 的作用，定义 t 时刻乒乓球的飞行速度为 $\boldsymbol{V}(t) = [v_x(t)\quad v_y(t)\quad v_z(t)]^\mathrm{T}$，旋转速度为 $\boldsymbol{\Omega} = [\omega_x\quad \omega_y\quad \omega_z]^\mathrm{T}$，根据式（3-1）和式（3-2），则重力、空气阻力和马格努斯力可以分别描述为[4]

$$\boldsymbol{F}_g = -m\,[0\quad 0\quad g]^\mathrm{T} \tag{3-10}$$

$$\boldsymbol{F}_d = -k\,\|\boldsymbol{V}(t)\|\,\boldsymbol{V}(t) \tag{3-11}$$

$$\boldsymbol{F}_m = \frac{1}{2}C_m\rho rS\,[\boldsymbol{\Omega}\times\boldsymbol{V}(t)] \tag{3-12}$$

这里，马格努斯力采用的是类似等效升力表达式的形式，C_m 为马格努斯力系数（与球体表面结构、空气黏度、空气密度、飞行速度和旋转角速度都有关，但一般将其设为一个常数）。若定义 $k_m = 0.5C_m\rho rS$，根据旋转体动力学模型式（3-1），旋转乒乓球的运动模型可表示为

$$\dot{\boldsymbol{V}}(t) = -\frac{k}{m}\|\boldsymbol{V}(t)\|\boldsymbol{V}(t) + \frac{k_m}{m}[\boldsymbol{\Omega}\times\boldsymbol{V}(t)] - [0\quad 0\quad g]^\mathrm{T}$$

$$\tag{3-13}$$

类似于香蕉球的动力学模型推导，可以得到详细的乒乓球旋转运动模型为

$$\begin{cases} \dot{x} = v_x \\ \dot{y} = v_y \\ \dot{z} = v_z \\ \dot{v}_x = -\dfrac{k}{m}\|\boldsymbol{V}(t)\|\,v_x + \dfrac{k_m}{m}(\omega_y v_z - \omega_z v_y) \\ \dot{v}_y = -\dfrac{k}{m}\|\boldsymbol{V}(t)\|\,v_y + \dfrac{k_m}{m}(\omega_z v_x - \omega_x v_z) \\ \dot{v}_z = -\dfrac{k}{m}\|\boldsymbol{V}(t)\|\,v_z + \dfrac{k_m}{m}(\omega_x v_y - \omega_y v_x) - g \end{cases} \tag{3-14}$$

另外，文献［4］使用傅里叶级数近似拟合飞行速度相对时间的衰减变化曲线，将理论不可解析求解的一阶变微分方程组转换为可解析求解的微分方程组，解析求解推导出了乒乓球旋转运动的连续

模型。该连续模型在轨迹预测时不需要迭代，可根据估计得到的旋转乒乓球初始运动状态直接计算出未来任意时刻的运动状态，感兴趣的读者可参考学习。

3.3.2　乒乓球的轨迹分析

按照国际联合会的标准，乒乓球及球桌参数见表 3-3。乒乓球在空中飞行时，旋转速度的衰减很小，所以仿真时将旋转速度看作常量，空气阻力系数 C_d 取 0.5，马格努斯力系数 C_m 取 1。

表 3-3　乒乓球及球桌参数

质量/kg	半径/m	球网高度/cm	球桌/[(长/m)×(宽/m)×(高/m)]
0.002 7	0.02	15.25	2.74×1.525×0.76

根据建立的球桌坐标系以及球桌的尺寸，不管是何种方向旋转的乒乓球在打给对手时都需要同时满足以下要求才算有效球：

1）运动轨迹穿过 X_w 时的高度应大于球网高度，即 $y=0$ 时，有 $z > 0.152\ 5$ m。

2）运动轨迹需经过对手一方的台面，即 $z = 0$ 时，有 $-0.762\ 5$ m $\leqslant x \leqslant 0.762\ 5$ m，$0 \leqslant y \leqslant 1.37$ m。

（1）上、下旋球情况

下旋球在飞行期间，下沿气流与迎面气流方向相反，流速减慢，上沿气流和迎面气流方向相同，其流速加快，根据伯努利方程，空气给球一个向上的马格努斯力。反之，上旋球受到向下的马格努斯力，如图 3-16 所示[10]。

假设乒乓球的初始位置在（0，−1.5 m，0.3 m）处，初始飞行速度水平向前，这里主要针对以下两种情形给出仿真结果：

情形 A：初始飞行速度为 10 m/s，初始旋转角速度大小范围从 0～150 rad/s；

情形 B：初始旋转角速度大小为 30 rad/s，初始速度范围从 8～12 m/s。

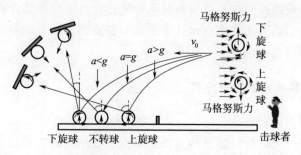

图 3-16　乒乓球初速度相同时受力分析及飞行弧线侧视图

上旋或下旋时，目前初始位置下乒乓球将始终在 yz 平面内运动。不同旋转方式下的运动结果如图 3-17 和图 3-18 所示。

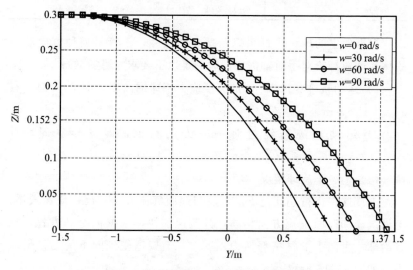

图 3-17　下旋球 yz 平面轨迹（情形 A）

由图 3-17 和图 3-18 可以明显看出，在相同的旋转角速度下，由于下旋球产生向上的马格努斯力，所以下旋球在空中运行的轨迹更远；正如图 3-16 所展示的那样，下旋球轨迹均在不采用旋转时轨迹的右侧，上旋球轨迹均在不采用旋转时轨迹的左侧。由图 3-17 可以看出，下旋情况下乒乓球均能成功过网，但是当旋转角速度大

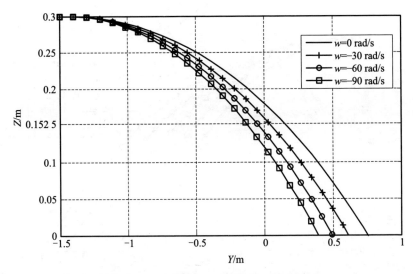

图 3-18　上旋球 yz 平面轨迹（情形 A）

于 90 rad/s 时球不会落到对方的台面上。由图 3-18 可以看出，若采用上旋方式，旋转角速度为 30 rad/s 时，球差不多擦网而过，当超过 30 rad/s 时，球将不能过网。

　　在固定旋转角速度下，由于上旋产生向下的马格努斯力，所以导致相同速度情况下更多的球被网拦下，而实际情况也正是这样。由图 3-19 可以看出，速度为 8 m/s 时乒乓球将不会过网，而当初始球速达到 12 m/s 时，乒乓球几乎擦桌边落地。相比下旋球，图 3-20 显示，上旋球初速度小于 10 m/s 的乒乓球均被网拦下。

　　由以上分析可以看出，初速度和旋转角速度对乒乓球的飞行轨迹影响较大。对于两者的影响力强弱引起的轨迹变化情况的仿真，这里不再给出。感兴趣的读者可以参照文献 [10] 的介绍进行分析。

　　(2) 左、右旋球情况

　　发左侧旋球，球拍从球的后面给球向左的摩擦力必不可少，根据质心运动定理，初速度对发球者来说一定偏左。球在飞行期间，球的左沿气流与迎面气流方向相反，流速减慢，右沿气流和迎面气

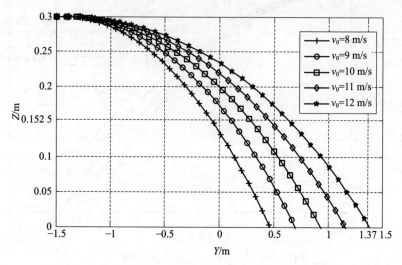

图 3-19　下旋球 yz 平面轨迹（情形 B：$\omega = 30$ rad/s）

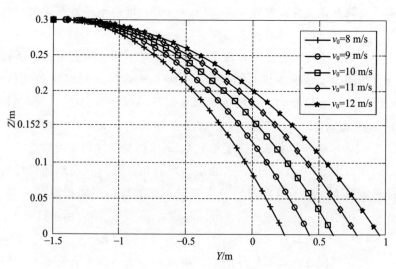

图 3-20　上旋球 yz 平面轨迹（情形 B：$\omega = -30$ rad/s）

流方向相同，其流速加快。根据伯努利方程，流速越慢，压强越大；流速越快，压强越小。球的左沿空气压强大，右沿空气压强小，空气给球一个向右的马格努斯力。同理，右侧旋球初速度偏右，在飞行中受到方向恒向左的马格努斯力。

　　假设乒乓球的初始位置在（-0.4 m，-1.5 m，0.3 m）处，这里仅针对初始旋转角速度大小为 60 rad/s，初始速度范围从 8～12 m/s 的情况给出仿真结果。若右旋时，初速度方向在 xy 平面内与 $+x$ 方向成 60°角；而左旋时，初速度方向在 xy 平面内与 $-x$ 方向成 60°角。左旋与右旋情况，乒乓球的运动轨迹是对称的，因此，这里只给出右旋情况下的仿真结果，如图 3-21 和图 3-22 所示。

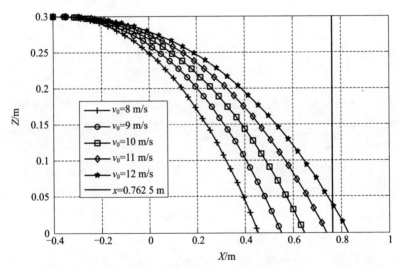

图 3-21　右旋球 xz 平面轨迹

　　由图 3-21 和图 3-22 可以看出，当前旋转角速度下，初速度 12 m/s 时乒乓球落在了对方台面之外，而速度不大于 10 m/s 时，乒乓球均没能过网；以上 5 种初速度情况，仅速度为 11 m/s 时为有效球。

　　（3）顺、逆旋球情况

　　要产生顺旋球，拍面要从球的下面给球一个向左的摩擦力，根

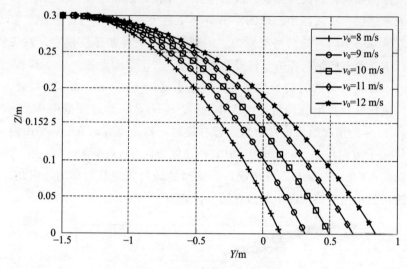

图 3-22　右旋球 yz 平面轨迹

据质心运动定理，顺旋球的初速度会偏左，同理，逆旋球初速度偏右。空中飞行时，旋转所产生的气流与球四周的空气阻力都垂直，所以旋转对飞行弧线影响不大。

假设乒乓球的初始位置在（0，-1.5 m，0.3 m）处，这里仅针对逆旋时初始旋转角速度大小为 60 rad/s，初始速度范围从 8～12 m/s，方向在 xy 平面内与 +x 方向成 60°角的情况给出仿真结果，如图 3-23 和图 3-24 所示。

结合图 3-23 和图 3-24 可以看出，当前旋转角速度下，初速度不小于 10 m/s 时乒乓球落在了对方台面之外，而速度小于 10 m/s 时，乒乓球均没能过网，因此以上 5 种初速度情况均为无效球。由此也可以看出，顺逆旋球比左右旋球对运动员的技术要求更高。

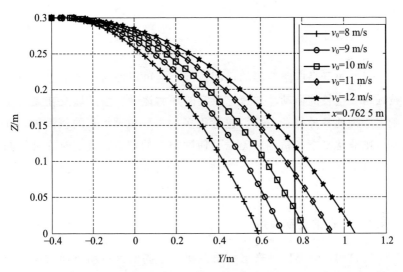

图 3 - 23　逆旋球 xz 平面轨迹

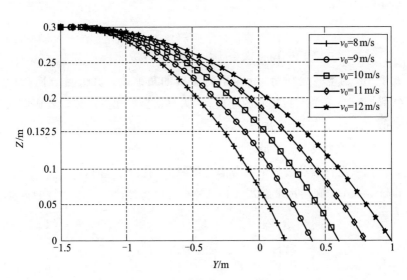

图 3 - 24　逆旋球 yz 平面轨迹

3.4　空竹的运动模型与轨迹分析

抖空竹既是广泛流传的民间游戏，又可以经演员加工提高成杂技项目。空竹的启动、加速、稳定的平面运动、盘丝以及在盘丝基础上所做的各种复杂花样，包含很多的力学原理，有的较简单，而有些则非常复杂和精细。无论是何种类型的空竹，表演时均是用两根短杆系上绳子将空竹扯动旋转，做串、绕、扔高、爬杆、调换、过桥等动作，每一动作都可以用力学原理给予恰当的解释。

3.4.1　空竹的运动模型

空竹的运动类似马格努斯滑翔机，不同的是运动方向。在地面坐标系下，根据模型式（3-1），空竹运动的动力学模型可以简化表示为[11]

$$\begin{cases} m\ddot{x} = -kv\dot{x} + \mu\omega\dot{z} \\ m\ddot{z} = -kv\dot{z} - \mu\omega\dot{x} - mg \end{cases} \quad (3-15)$$

式中，m 为空竹的质量；ω 为空竹旋转的角速度，其矢量方向指向 Oy 轴负向；v 为空竹质心的速度；μ 为马格努斯相关系数，表达形式类似 k_m。

空竹受力及坐标系的示意图如图 3-25 所示。

如果空竹运动过程中不考虑空气阻力，设 $t=0$ 时，$x=0$，$z=0$，$\dot{x}=0$，$\dot{z}=0$，则通过求解式（3-15），可以得到此条件下空竹的运动方程为[12]

$$\begin{cases} x = -\dfrac{g}{\eta^2}[\eta t + \sin(-\eta t)] \\ z = -\dfrac{g}{\eta^2}[1 - \cos(-\eta t)] \end{cases} \quad (3-16)$$

这里 $\eta = \mu\omega/m$。由该方程的形式可以看出，空竹的运动轨迹为一普通摆线或螺旋线。但受空竹下落高度的限制，此轨迹仅为完整

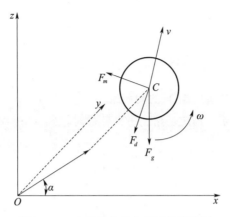

图 3-25　空竹受力及坐标系的示意图

摆线轨迹的一部分。即使下落高度不受限制，上述式（3-16）也仅对开始的一小段时间成立，毕竟空竹在大气中运动不受控制阻力影响是不可能的。

根据正弦函数和余弦函数的幂级数展开式

$$\sin(-\eta t) = -\eta t - \frac{(-\eta t)^3}{3!} + \frac{(-\eta t)^5}{5!} + \cdots + (-1)^{n+1}\frac{(-\eta t)^{2n-1}}{(2n-1)!} + \cdots$$

$$(3-17)$$

$$\cos(-\eta t) = 1 - \frac{(-\eta t)^2}{2!} + \frac{(-\eta t)^4}{4!} + \cdots + (-1)^n \frac{(-\eta t)^{2n}}{(2n)!} + \cdots$$

$$(3-18)$$

当 $0 < -\eta t < 1$，取正弦函数和余弦函数幂级数展开式的前两项，则式（3-18）可简化为

$$\begin{cases} x = -\dfrac{1}{6}g\eta t^3 \\ z = -\dfrac{1}{2}g t^2 \end{cases} \qquad (3-19)$$

由此可以看出，当下落时间很短时，在 z 向（铅垂方向）的运动仍具有自由落体运动的特点。当空竹从坐标原点下落高度为 H 时，即 $z = -H$ 时，由式（3-19）可以计算得到偏离距离为

$$x = -\frac{1}{3}\eta H \sqrt{\frac{2H}{g}} \qquad\qquad (3-20)$$

3.4.2　空竹的轨迹分析

微分方程式（3-15）的初始条件：$t=0$ 时，$x=y=0$ 且初速度为 v_0，矢量方向与 x 轴成 α 角。仿真分析时，式（3-16）中的参数见表 3-4。

表 3-4　空竹参数与仿真条件

质量/kg	初始速度/(m/s)	旋转角速度/(rad/s)	k /(kg/s)	μ
0.02	8	−18.56	0.05	0.01

以下给出不同抛出角度下的运动轨迹，如图 3-26～图 3-28 所示。

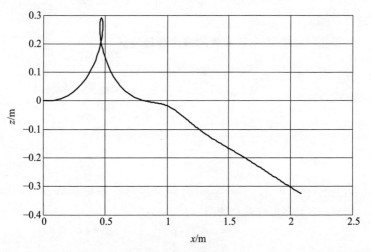

图 3-26　$\alpha = 0$ rad 时的轨迹图与速度图

由图 3-26～图 3-28 可以看出，空竹的抛出角度对轨迹的影响不是很大。以下分析旋转角速度对空竹的影响，下面给出了 $\omega = -32$ rad/s 时的轨迹图，如图 3-29 所示。

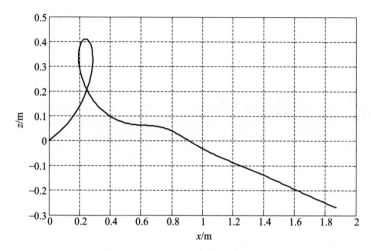

图 3 - 27　$\alpha = 0.6$ rad 时的轨迹图

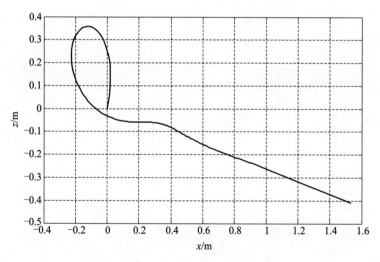

图 3 - 28　$\alpha = 1.4$ rad 时的轨迹图

　　由图 3 - 27 和图 3 - 29 可以明显看出，旋转角速度的大小对空竹的轨迹运动有相当大的影响。旋转速度越大，在空中可展示的花样就越多。

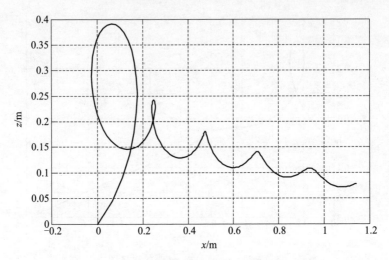

图 3-29 $v_0 = 8$ m/s 和 $\alpha = 0.6$ rad 时的轨迹图

不管是否考虑空气阻力，式（3-15）和式（3-16）中的参数按以下选取：

$\mu = 0.01, v_0 = 0$ m/s, $\omega = -32$ rad/s, $m = 0.02$ kg, $k = 0.05$ kg/s

此时，空竹的运动轨迹如图 3-30 所示。

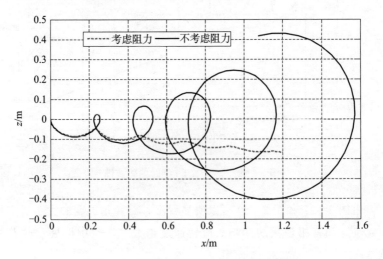

图 3-30   不考虑空气阻力时的螺旋轨迹图

　　由图 3-30 可以很明显地看到，空气阻力对空竹运动的影响；另一方面，也可以看出在前期相当短的时间里，不管是否考虑空气阻力，空竹的运动轨迹基本是一致的。可以想象，在一定太空高度上，那里大气相当稀薄，可以近似到忽略的程度，此时人们抖空竹应该会有很有趣的事情发生，且极有可能会看见像图 3-30 一样的螺旋轨迹。

3.5　小结

　　本章利用基本的数学与物理知识对马格努斯滑翔机、香蕉球、旋转乒乓球以及空竹建立了运动模型，完成了相应运动的仿真分析。从仿真结果可以看出，马格努斯效应产生了很多有趣的现象，感兴趣的读者可以一一去实现，也可以基于本书的内容去探究生活中更多的基于马格努斯效应的现象。

参 考 文 献

[1]　杨永强，鲍然，李克勇．旋转导弹非线性动力学建模方法研究［J］．上海航天，2017（34）：24 - 28.

[2]　刘大为．球体飞行轨迹异常的探讨［J］．大学物理，1987，6（1）：43 - 45.

[3]　赵炳炎，陈宗华．基于空气动力学的旋转球体飞行轨迹的计算模拟［J］．物理与工程，2020，30（3）：50 - 54.

[4]　赵永生．旋转飞行乒乓球的状态估计和轨迹预测［D］．杭州：浙江大学，2017.

[5]　吴海娜，苏卓，骆凯，等．马格努斯滑翔机运动的探索与研究［J］．大学物理实验，2015，28（5）：4 - 6.

[6]　ZIPFEI P H. Modeling and Simulation of Aerospace Vehicle Dynamics ［M］. 2nd ed. Reston：AIAA，2007.

[7]　韩运侠．"香蕉"球的动力学分析［J］．洛阳师范学院学报，2005（5）：31 - 32.

[8]　李丰．香蕉球的运动分析及方程推导［J］．科技创新论坛，2013：174.

[9]　蒋心怡，吕建锋．足球异常运动与其实际应用的 MATLAB 模拟［J］．大学物理，2019，38（11）：41 - 46.

[10]　赵丽特，范东华，陈毅洪．以乒乓球为例分析旋转球的受力及飞行轨迹［J］．物理与工程，2017，27（2）：56 - 60.

[11]　宋家庆，鲍四元，吉陈．空竹抛体运动的数值解法和动画模拟［J］．大学物理实验，2016，29（6）：56 - 59.

[12]　于凤军．马格努斯效应与空竹的下落运动［J］．大学物理，2012，31（9）：19 - 21.

第 4 章　马格努斯效应在风力发电领域的应用与展望

当前，世界范围的能源与环境危机已经成为各国亟需解决的现实问题。风能作为可持续使用的新型清洁能源，备受各国学者们的青睐，并被列为各国未来清洁能源的重要发展方向。马格努斯效应自 1852 年被发现以来，相关学者与工程师们不断探索与扩大其应用范围。其中，利用马格努斯效应进行风力发电是众多尝试中颇具创新性与挑战性的研究方向之一[1]。

4.1　马格努斯效应在风力发电领域的应用研究

4.1.1　应用背景

虽然风能被归类为新能源，但人类对风能的利用实际上已有上千年的历史了。根据历史记载，2000 多年前，中国、巴比伦、波斯等国就已利用风车提水灌溉、碾磨谷物；尽管欧洲在 12 世纪才广泛使用风车，但其发展速度尤为迅速，特别是在第二次工业革命中电的发明，极大地推动了风能利用向风电转化的发展，并在如今成为主流的风能利用方式[1,2]。

目前，全球风能已探明储量约为 2.74×10^9 MW，其中可利用的风能为 2×10^7 MW，是地球上可开发利用的水能总量的 11 倍，可利用的世界风能分布如图 4 - 1 所示。

作为过去 40 年来工业化发展最快、人口数量巨大的发展中国家，我国面临着的问题是如何为 14 亿人口提供安全、低成本、环境友好的可持续使用清洁能源。2019 年，根据英国石油公司（BP）发

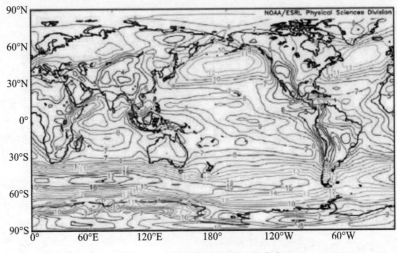

图 4-1　可利用的世界风能分布

布的《BP世界能源统计年鉴》报道，我国一次能源消费总量居世界
首位，其次为美国（图4-2），这一数字在可预期的未来还会继续攀
升，因此新型能源必然是我国未来重点发展方向之一。

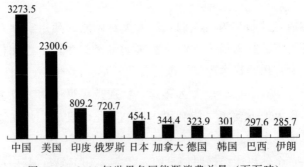

图 4-2　2019年世界各国能源消费总量（百万吨）

　　我国风资源主要集中在西北各省以及内蒙古的荒漠、平原地区，
西南以及东北的山区与沿海地区。中国气象科学院预计我国陆地风
电资源装机容量可达 2.5×10^5 MW，近海风电资源装机容量可达
7.5×10^5 MW。然而，风能在我国的利用率仍然较低，主要受两大

因素的影响：一是风能资源分布不均，二是风电技术适应性较差。随着能源密集型产业和高科技产业的发展，中国作为世界工业大国还将在未来很长一段时间内依靠高能源消耗性工业维持国内经济持续增长，亟需进一步发展低成本、环境友好的可持续使用清洁能源。

4.1.2　理论与实验研究

　　早在 20 世纪 30 年代，马格努斯效应就开始被用于风力发电。早期的研究主要是以理论和模拟试验为主，探讨了风向和风速对马格努斯效应风力发电机性能的影响[3]。其中，美国工程师和发明家 Madaras 为这一领域做出了显著贡献。在他的许多创新中，最具影响力的就是他对马格努斯效应风力发电机的发明和开发。

　　基于马格努斯效应原理[4,5]，Madaras 设计和制造了第一个马格努斯效应风力发电机原型，这个原型由一个大型旋转圆柱体和一个发电机组成，如图 4-3 所示。当风吹过圆柱体时，圆柱体会开始旋转，并产生一个垂直于风向的力，这个力被用来驱动发电机。在早期的试验中，Madaras 的原型机表现出了良好的性能，能够在一定风速下稳定产生电力。同时，这个原型机还显示出了一些优于传统风力发电机的特性，例如，它不需要面对风向，而且能够在风速变化大的情况下稳定运行。

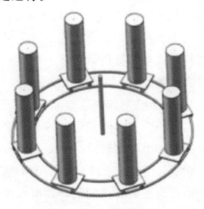

图 4-3　Madaras 风电装置

　　Madaras 的创新为马格努斯效应风力发电领域的发展奠定了基础，他的工作激发了后来更多的研究人员进一步研究和开发这种新型的风力发电技术。

　　20 世纪 80 年代和 90 年代，美国的 Thomas F. Hanson 和他的团队在 20 世纪对马格努斯效应风力发电技术进行了深入的研究[6]。他们设计并测试了一种新型的马格努斯风力发电机原型机，这个原型机使用的是一个围绕水平轴旋转的圆柱体，这种设计是旋转轴式马格努斯风力发电机的早期版本，如图 4-4 所示。

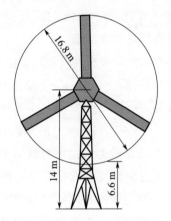

图 4-4　Hanson 发明的水平轴马格努斯风力机

　　Hanson 的团队对原型机的性能进行了全面的测试，包括在不同风速和风向条件下的电力输出、系统的稳定性和可靠性等。他们的研究结果表明，旋转轴式马格努斯风力发电机具有良好的性能和潜力，为后续的研究和发展奠定了重要的基础。

　　20 世纪 90 年代，西弗吉尼亚大学的研究团队进行了一项重要的研究，他们在风洞实验中研究了不同设计的马格努斯风力发电机的性能[7]。他们的研究主要关注如何通过改变旋转圆柱体的表面结构以及尝试采用吸入或喷射的方式来改善马格努斯效应发电机的效率。实验中，研究人员通过改变圆柱体的旋转速度、风速，以及吸入或喷射的气流，观察了这些变量对马格努斯力和发电效率的影响。他们发现，通过优化这些参数，可以显著提高马格努斯效应发电机的性能。此外，研究团队还分析了各种设计参数对马格努斯效应发电机性能的影响，这些参数包括圆柱体的直径、长度、表面粗糙度值，以及圆柱体与轴的相对位置等。通过对这些参数的优化，可以进一步提高马格努斯效应发电机的性能和效率。

我国对马格努斯效应的研究起源于 20 世纪 80 年代，当时中国科学院的一些研究人员开始对马格努斯效应进行理论研究和实验探索[8]。在此之后的几十年时间里，我国在马格努斯效应风力发电领域取得了很多重要的研究成果。不仅在理论研究方面取得了突破，也在实际应用方面取得了重大的进展。例如，北京理工大学的研究团队在马格努斯效应风力发电机的设计和优化方面取得了重要的研究成果[9]。他们设计了一种新型的马格努斯风力发电机，该发电机采用了独特的叶片设计，可以在不同的风速和风向条件下高效发电。并且，他们还开发了一种新的优化算法，可以实时调整发电机的工作状态，以适应风速和风向的变化，从而提高了发电效率。另外，中国科学院的研究人员也在提高马格努斯风力发电机的发电效率方面取得了突破[9]。他们开发了一种新的马格努斯风力发电机，该发电机采用了新的马格努斯效应增强技术，可以在低风速条件下产生较高的旋转力，从而提高了发电效率。

总体而言，这项研究为马格努斯效应风力发电的发展提供了重要的理论和实验基础，为后续的研究和开发工作提供了宝贵的经验。

4.1.3　工程实践探索

进入 21 世纪，随着数字技术的引入，马格努斯效应风力发电技术得到了进一步的研究和发展。研究人员通过数值模拟和风洞实验，对马格努斯效应风力发电机的设计和性能进行了优化。例如，他们发现，改变圆柱体的形状和旋转速度可以显著影响发电机的输出功率和效率[5]。此外，为了适应不同的风速和风向，研究人员也开发出了多种类型的马格努斯效应风力发电机，包括固定轴式、垂直轴式和旋转轴式等。

（1）固定轴式马格努斯效应风力发电机

固定轴式马格努斯效应风力发电机的设计概念是利用一个或多个固定于水平轴的旋转圆柱体，当风吹过旋转的圆柱体时，会产生一个垂直于风向的力（马格努斯力），从而驱动轴旋转并产生电力[10]，如图 4-5 所示。

这种类型的发电机在实验和原型机阶段得到了广泛的测试和研究。相对于传统的风力发电机，固定轴式马格努斯效应风力发电机可以在低风速下工作，并且能够捕捉来自多个方向的风力。其关键技术包括圆柱体的设计优化，开发高效率的电力转换系统，以及设计适应不同风速和风向条件的控制系统。

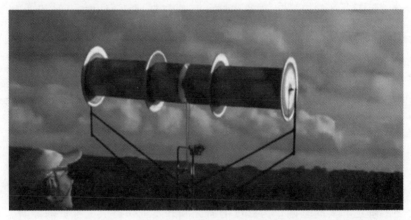

图 4-5　固定轴式马格努斯风力发电示意图

（2）垂直轴式马格努斯效应风力发电机

垂直轴式马格努斯效应风力发电机的设计概念是利用一个或多个固定于垂直轴的旋转圆柱体，如图 4-6 所示。与固定轴式发电机类似，垂直轴式发电机也是利用马格努斯力来驱动轴旋转并产生电力的[11]。

垂直轴式马格努斯效应风力发电机的设计允许它在风向变化大的条件下稳定运行，这使它特别适合在风向不稳定的地方，如城市和山区使用。其关键技术包括圆柱体和轴的设计优化；开发高效率的电力转换系统，以及设计适应不同风速和风向条件的控制系统。

图 4 - 6 垂直轴式马格努斯风力发电示意图

（3）旋转轴式马格努斯效应风力发电机

旋转轴式马格努斯效应风力发电机的设计概念是利用一个或多个围绕垂直轴旋转的圆柱体，如图 4 - 7 所示。在这种设计中，当风吹过旋转的圆柱体时，不仅会产生马格努斯力，而且旋转的圆柱体还会产生附加的扭矩，这两者共同驱动轴旋转并产生电力[12]。

相较固定轴式和垂直轴式，旋转轴式马格努斯效应风力发电机的设计是一种新型设计。这种设计利用了马格努斯力和附加扭矩的双重作用，可以在相同风速下产生更大的电力。其关键技术包括圆柱体和轴的设计优化，以提高马格努斯力和附加扭矩效率，开发高效率的电力转换系统，以及设计适应不同风速和风向条件的控制系统。

在所有这些设计中，无论是固定轴式、垂直轴式还是旋转轴式马格努斯效应风力发电机，都需要进行大量的实验和理论研究，以优化系统的性能，降低制造和运行成本，提高系统的可靠性和寿命。在这个过程中，也出现了一些关于马格努斯效应风力发电技术的关键理论和技术突破。例如，通过引入电动机控制旋转圆柱体的转速，

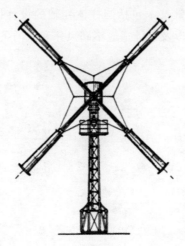

图 4-7　旋转轴式马格努斯效应风力发电机

可以使发电机在各种风速下都能保持较高的效率[13]。另一个重要的技术进步是开发出了一种新型的动态叶片系统,这种系统可以根据实时的风速和风向调整旋转圆柱体的位置和角度,从而进一步提高发电机的输出功率和效率。

4.1.4　主要关键技术

马格努斯效应在风力发电领域的发展过程中,多项技术发挥了主要关键作用,如图 4-8 所示。

(1) 马格努斯气动装置的设计

风力发电机的马格努斯气动装置设计是一项关键技术。这种装置通常由一个或多个旋转的圆柱体组成,通过其表面的旋转产生马格努斯效应。这项技术的关键在于如何设计和优化圆柱体的大小、形状和旋转速度,以最大化马格努斯效应,从而最大化电力产生[14]。

风力发电机的马格努斯效应发电机的核心组件是一个或多个旋转的气动圆柱,它们利用马格努斯效应从风中捕获能量。这些圆柱的设计和优化对于风力发电机的性能和效率至关重要。首先,圆柱的大小和形状可以影响其从风中捕获能量的能力。例如,圆柱的直

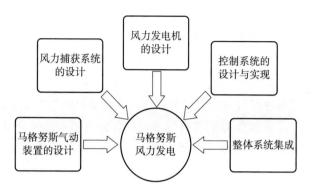

图 4 - 8 马格努斯风力发电关键技术梳理

径和长度可以影响其表面的风力接触面积，从而影响其捕获风能的能力。此外，圆柱的形状（例如，是否为完全圆形，或者是否有某种特殊的表面纹理或结构）也可以影响其对风的阻力和马格努斯效应的产生。

其次，圆柱的旋转速度也是一个重要的设计参数。理论上，圆柱的旋转速度越高，产生的马格努斯效应越大，从风中捕获的能量也越多。然而，过高的旋转速度可能会导致圆柱的磨损加快，或者增加系统的噪声和振动。因此，如何选择和控制圆柱的旋转速度，以在保证系统性能和效率的同时，降低其运行成本和环境影响，是马格努斯效应风力发电机设计的一个重要问题。

马格努斯效应风力发电机的设计和优化需要考虑到这些因素，以实现最佳的性能和效率。这需要深入理解马格努斯效应的物理机理，以及风力发电机的工作原理和制约因素。这也需要借助于计算流体动力学（CFD）等高级数值模拟技术，以模拟和优化圆柱的气动性能和系统的整体性能。

（2）风力捕获系统的设计

风力捕获系统是另一项关键技术。这种系统的目标是有效地捕获和引导风，以驱动马格努斯气动装置。这项技术的关键在于如何设计和优化系统的结构和参数，以最大化风能的利用[15]。

　　为了有效地捕获风能，风力捕获系统的设计和优化是非常重要的。首先，风力捕获系统的结构（包括其形状、大小和排列方式）可以影响其对风的接触面积和风的流向，从而影响其捕获风能的能力。例如，一个优化设计的风力捕获系统可以利用特定的形状和排列方式，来引导风向旋转的圆柱体，从而增加风能的利用率。

　　其次，风力捕获系统的参数（包括其角度、高度和距离等）也可以影响其对风的接触和风的流向，从而影响其捕获风能的能力。例如，通过调整风力捕获系统的角度和高度，可以使风更直接地冲击到旋转的圆柱体，从而提高风能的利用率。

　　此外，风力捕获系统的设计和优化也需要考虑到风的变化性（包括风速、风向和风的不稳定性等）。这可能需要风力捕获系统具有一定的调节能力，以适应风的变化，保证风力发电机的稳定运行。这可能需要借助于风力预测、控制策略和智能算法等技术。

　　（3）发电机的设计和优化

　　发电机是风力发电系统的核心部分。对于马格努斯效应风力发电机，其设计和优化需要考虑很多因素，包括发电机的类型、大小、效率和可靠性等。此外，还需要考虑如何将马格努斯气动装置的旋转运动有效地转化为发电机的电力输出[16]。

　　在马格努斯效应风力发电机中，发电机的设计和优化是非常关键的。首先，发电机的类型可以影响其能够转化的能量类型和方式，从而影响其电力输出。例如，直流发电机可以直接产生直流电，而交流发电机可以产生交流电。此外，某些类型的发电机（如永磁同步发电机）可能具有较高的效率，而其他类型的发电机（如感应发电机）可能具有较高的可靠性和稳定性。

　　其次，发电机的大小和效率也是重要的设计参数。理论上，发电机越大，其电力输出能力越强。然而，发电机的大小也可能影响其效率和成本，以及风力发电机的总体大小和重量。因此，如何选择和优化发电机的大小，以在保证电力输出的同时，控制成本和重量，是发电机设计的一个重要问题。另一方面，发电机的效率直接

决定了从风能到电能的转化率。提高发电机的效率，可以提高风力
发电机的总体效率，降低风力发电的成本。

此外，发电机的设计和优化还需要考虑如何将马格努斯气动装
置的旋转运动有效地转化为电力输出，这可能涉及齿轮箱、轴承和
控制系统等其他部件的设计和优化。例如，齿轮箱可以改变马格努
斯气动装置的旋转速度和扭矩，以适应发电机的工作条件。轴承和
控制系统可以保证马格努斯气动装置和发电机之间的稳定连接和精
确控制。

（4）控制系统的设计与实现

控制系统负责控制和调节风力发电机的运行状态，以适应风速
和风向的变化，以及电网的需求。这项技术的关键在于如何设计和
实现高效、稳定和灵活的控制策略[17]。

在马格努斯效应风力发电机中，控制系统的设计和实现是至关
重要的。首先，控制系统需要能够实时监测和调整风力发电机的运
行状态，以适应风速和风向的变化。这可能需要实时监测风速和风
向的传感器，以及调整圆柱的旋转速度和发电机工作状态的执行器。
同时，控制系统需要能够通过反馈控制和预测控制等策略，来精确
和迅速地调整风力发电机的运行状态。

其次，控制系统需要能够调整风力发电机的电力输出，以适应
电网的需求。这可能需要实时监测电网的需求和风力发电机的电力
输出的传感器，以及调整发电机工作状态的执行器。同时，控制系
统需要能够通过电力调度和电力质量控制等策略，来精确和稳定地
调整风力发电机的电力输出。

此外，控制系统还需要能够处理和保护风力发电机的故障和异
常。这可能需要故障诊断和故障处理的技术和策略，以及紧急停机
和保护装置的设计和实现。

控制系统的设计和实现需要深入理解风力发电机的工作原理和
制约因素，以及风力和电网的特性和需求。这也需要借助于控制理
论、信号处理和嵌入式系统等技术和知识。

（5）整体系统集成

风力发电系统的整体系统集成是一项关键技术。它需要将马格努斯气动装置、风力捕获系统、发电机、控制系统等各个部件有效地集成在一起，以实现最佳的性能和效率。这项技术的关键在于如何设计和实现高效、稳定和灵活的系统集成策略[18]。

在马格努斯效应风力发电机中，整体系统集成的设计和实现是非常关键的。首先，系统集成需要考虑各个部件的兼容性和协同性。例如，马格努斯气动装置的旋转速度需要和发电机的工作条件兼容，风力捕获系统的设计需要和马格努斯气动装置的需求协同，控制系统需要和风力发电机的运行状态和电网的需求兼容等。

其次，系统集成需要考虑系统的稳定性和可靠性。例如，系统需要有足够的强度和刚度来抵抗风的冲击和载荷，需要有足够的冗余和保护来处理和防止故障和异常，需要有足够的灵活性和调节能力来适应风速和风向的变化，以及电网的需求变化等。

此外，系统集成还需要考虑系统的效率和成本。例如，系统需要通过优化设计和精确控制，来提高风能到电能的转化效率，降低风力发电的成本。系统还需要通过优化材料和制造过程，来降低风力发电机的制造成本，提高其经济效益。

整体系统集成的设计和实现需要深入理解各个部件的工作原理和性能，以及整个系统的工作环境和任务。这也需要借助于系统工程、机械设计、电力系统、控制理论等技术和知识。

对未来的发展来说，这些关键技术中的大部分都仍有很大的发展潜力。例如，风力捕获系统可以通过优化设计，进一步提高风能的利用率。发电机的设计和优化可以进一步提高转化效率，降低成本。控制系统可以通过采用更先进的控制策略和算法，提高系统的稳定性和灵活性。整体系统集成可以通过优化设计和实现，提高系统的性能和效率，降低成本。

同时，还需要研究和发展新的技术，来解决马格努斯效应风力发电的新的挑战。例如，如何提高系统的鲁棒性，以应对风速和风向的不确定性；如何提高系统的可维护性，以降低维护和修复的难度和成本；如何提高系统的环保性，以减少对环境的影响等。

　　总的来说，马格努斯效应风力发电的关键技术发展是一个持续和综合的过程，需要不断地研究和创新，以实现更高的性能，更低的成本，更好的稳定性和可靠性，以及更大的环保性。

4.2　马格努斯效应在风力发电领域的应用案例

　　世上很少有哪种技术像马格努斯风能发电这样，神奇、新颖，具有一种迷人的魅力，虽诞生超过 80 多年，却仍然不断吸引着无数天才学者和工程师对它进行改进和创造。在这段时间中，无数专利、创意或是天马行空般的想法诞生。虽然有些失败了，有些专利始终没能商用，但即便以今天的眼光来看，其中的很多创意仍然非常具有创造力和启发性，本章节将列出一些典型的应用例子供读者学习和参考。

4.2.1　空气转子系统（MARSTM）

　　Magenn 公司的空气转子系统（MARSTM）是一种比空气更轻的系留式风力涡轮机，通过在气流中绕水平轴旋转以产生可再生的电能，所产生的电能可供耗电设备立即使用，也可用电缆输送到充电电池，还可直接输送到电网。MARSTM 的浮空器采用氦气充填，可根据需要控制其在空中驻留的高度。Magenn 公司研制过两种样机，图 4 - 9 所示为 10 kW 概念样机，图 4 - 10 所示为 10～25 kW 的原型机。

　　这种风力发电设备的主要组成部分是一个悬挂在空中的飞艇，飞艇上装有两个水平排列的、可以自由旋转的圆柱体。当风吹过圆柱体时，由于马格努斯效应，圆柱体会自动旋转，从而驱动风力发电机发电。

图 4 – 9　MARSTM 10kW 概念样机

图 4 – 10　MARSTM 10～25 kW 的原型机

MARSTM 在约 180～300 m 高空捕捉气流中的能量。除了发电，MARSTM 自转也会产生马格努斯效应，它提供额外的升力，保持 MARSTM 稳定，并将其定位在一个可控的位置。这种风力涡轮机系统是可移动的，可以在不需要塔架或重型起重机的情况下快速部署、放气和重新部署。它对鸟类和蝙蝠友好，噪声排放低，能够在 6～85 km/h 以上的大范围风速下工作。

此外，Magenn 公司还在研发 100 kW 的空气转子系统，其相关的性能参数见表 4-1。

表 4-1　MARSTW 100 kW 的性能参数

直径/m	45
长度/m	100
氦气/m³	200 000
高度范围/m	750(最大 1 500)
启动风速/(m/s)	2.5
最大风速/(m/s)	30
寿命(年)	10～15

在空气转子系统项目中，马格努斯效应的作用主要表现在以下两个方面：首先，马格努斯效应使空气转子系统上的圆柱体可以自由旋转，从而驱动风力发电机发电；其次，马格努斯效应还使飞艇可以自动调整其航向，以便始终面向风向，从而提高了发电效率[19]。

根据 Magenn 公司的数据，空气转子系统的发电效率显著高于传统的风力发电设备。与传统的风力发电设备相比，空气转子系统的主要优势在于其能够利用更高层次的风能，而这些风能对于地面上的风力发电设备来说是无法利用的。此外，由于转子可以自动调整其航向，以面向风向，因此其发电效率也更高[20]。

此项目充分展示了马格努斯效应在风力发电领域的创新应用，尤其是在利用高空风能方面的潜力。它的成功将为马格努斯风力发电设备的进一步发展和应用提供了宝贵的经验和参考。目前，空气转子系统项目已经进入了实际运行阶段，且运行效果良好。在未来，该项目有望在更大范围内得到推广应用。

4.2.2　风力发电系统 E‐Ship 1

荷兰一家名为 Enercon 的公司在 21 世纪初成功开发出了一个基于马格努斯效应的风力发电系统——E‐Ship 1。E‐Ship 1 不同于常规的风力发电机组，它是一种全新的风力发电设计，结合了马格努斯效应和常规的风力发电机组，以实现更高的发电效率[21]。

这个系统的核心部分是四个巨大的旋转桶，这些桶被安装在一艘船的甲板上，如图 4‐11 所示。当这些桶旋转时，它们会产生马格努斯效应，从而改变风的流向，使风力发电机组能够从任何风向接收到风力[22]。这四个旋转桶不仅能提高风力发电机组的工作效率，还能增加船的推进力，因此，E‐Ship 1 不仅是一种风力发电系统，还是一艘以风力为动力的船。

图 4‐11　E‐Ship 1 外观图

马格努斯效应在 E‐Ship 1 中的应用是一个非常创新的设计，它成功地将这种效应用于风力发电，并且取得了显著的效果。据

Enercon 公司报告，E-Ship 1 的发电效率比常规的风力发电机组高出 20%，并且在各种风向条件下都能稳定运行。此外，由于采用了马格努斯效应，E-Ship 1 的风力发电机组可以以更小的风速启动，因此，它的工作范围更宽，可以在风速较小的条件下产生电力。

尽管 E-Ship 1 的设计具有很大的创新性，但是它的实际应用过程中还面临着一些挑战。首先，需要制造和安装旋转桶，增加系统的复杂性，且使马格努斯效应风力发电机组的制造成本相对较高。其次，虽然马格努斯效应可以提高风力发电机组的工作效率，但是这种效应受到风速和风向的影响，因此，对风速和风向的准确预测对于系统的优化运行非常重要。此外，马格努斯效应风力发电机组的维护和维修也需要专门的技术和设备[23]。即便如此，E-Ship 1 的成功实施并投入使用无疑为马格努斯效应在风能发电领域的应用提供了一个有力的实证。正如 Enercon 公司所述，尽管在制造和运行成本方面存在挑战，但 E-Ship 1 的高效性、低风速启动能力和广泛的适应性使它具有长远的经济潜力。而且，随着科技的不断进步和规模化生产的实现，马格努斯效应风力发电机组的成本预计会逐渐降低，进一步提高其市场竞争力[24]。

此外，E-Ship 1 案例还展示了马格努斯效应如何被引入风能发电以外的领域。这艘船通过马格努斯效应提高了自身的航行性能，这不仅降低了燃料消耗，也使其在某些情况下能以更快的速度行驶。这一点为马格努斯效应在其他领域，如船舶设计和制造等方面的应用提供了可能性，预示着马格努斯效应将可能在更广阔的领域发挥作用。同时，随着技术的进步和规模化生产的实现，我们可以期待马格努斯效应在风力发电以及其他领域的应用将会越来越广泛。

4.2.3　飓风中的风力发电系统 VAWT

说到最具破坏性的自然灾害，台风和飓风当之无愧，日本就是个深受台风灾害困扰的国家，每年因为台风造成的经济与人民生命财产损失数以亿计。美国历史上损失最惨重的飓风——卡特里娜

（Katrina）飓风造成了美国至少 750 亿美元的经济损失，1 836 人丧生，705 人下落不明。

然而巨大破坏力的背后也蕴含着巨大的能量，据计算，一场小型台风能够产生 6×10^{15} W 的能量，相当于全世界一年发电总量的 200 倍。飓风的风速能够达到 240 km/h，这也是一个相当可观的潜在清洁能源。如果人类有机会"偷取"台风的能量，那么台风与飓风也能够造福世界。这种探索导致了一种基于马格努斯效应的新型风力发电机的开发，该设备旨在利用飓风或龙卷风中的强风力来产生电力[25]。

日本的 Challenergy 公司是这种新型风力发电机的开发者之一。公司的团队开发了一种称为"VAWT"的设备，如图 4 - 12 所示，它利用马格努斯效应在极端风力条件下实现发电。这种风力涡轮机的设计与传统的风力发电机截然不同，它没有大型的叶片，而是使用旋转的圆柱体来捕捉和利用风力。这些圆柱体的旋转会产生马格努斯效应，使风力涡轮机可以在高风速条件下稳定运行，而不会像传统的风力发电机那样因风速过高而关闭[26]。

VAWT 采用垂直轴构型（Vertical Axis），这一特征使 VAWT 能够适应不停变换的风向。风机主体采用巨大的 Y 型架固定三个圆柱形转子作为叶片，该设计充分利用了马格努斯效应，在大风通过时带动风机的叶片旋转，三个叶片共同转动，最终会带动垂直轴转动发电[27]。同时，无论风力多强，只要垂直轴收紧叶片，叶片的转速就会下降，甚至完全停止，防止风速过快时风力机失控。另外，由于风力涡轮机采用了旋转的圆柱体来捕捉风力，因此它的结构比传统的风力发电机更为紧凑，更适合在城市和其他空间有限的地方安装。

据该公司工程人员表示，VAWT 能够在 144 km/h 的风速下发电，作为对比传统风力机的使用极限是 90 km/h。此外，VAWT 在同样风速下转速明显比传统风力机更慢，减少了噪声的产生，也减少了意外击落飞禽的可能性。

图 4 - 12　VAWT 风力机

　　虽然风力涡轮机的设计充分利用了马格努斯效应，但它在实际应用中仍然面临一些挑战。首先，风力涡轮机的成本相对较高。因为它的设计包括一系列的旋转圆柱体，这使其制造和维护的复杂性增加，从而提高了成本。其次，虽然风力涡轮机可以在高风速条件下运行，但是，它在低风速条件下的发电效率却相对较低。为了解决这个问题，科研人员需要进行更多的研究，以改进设计，使其在各种风速条件下都能有效发电[28]。

　　目前，袖珍型 10 kW 原型机已经被装在一座海上的小岛进行远程遥控测试，并计划在 2025 年开发出中型 100 kW 级原型机，以期在未来作为沿海地区风力发电的主力型号。

　　总的来说，风力涡轮机是一个典型的马格努斯效应风力发电的应用案例。它不仅体现了马格努斯效应在风力发电中的重要性，也显示了马格努斯效应如何被用来解决风力发电面临的一些固有问题。虽然风力涡轮机还面临一些挑战，但是其在飓风或龙卷风中发电的潜力使其具有很大的发展前景。

4.2.4　涡轮风车发电机

另一个融入了马格努斯效应的风力发电设计是由韩国浦项工科大学的李在焕教授及其团队研发的，他们开发了一种名为"涡轮风车"的新型风力发电机[29]。其设计概念源于马格努斯效应，采用旋转的气流来驱动发电机，从而避免了传统风力发电机在大风中自动停机的问题。

传统的风力发电机，如水平轴风力发电机（HAWT）和垂直轴风力发电机（VAWT），受到风速和风向变化的影响较大，需要进行复杂的控制，以保持稳定的运行。而涡轮风车则采用一种全新的设计，结构上类似于一个半圆柱形的壳体，内装有一系列可旋转的圆柱体。这些旋转的圆柱体在风的作用下产生马格努斯效应，形成一个强大的涡流，这个涡流能够在任何风向下驱动发电机[30]。

在涡轮风车中，马格努斯效应的应用被极大地放大。风进入风车后，被旋转的圆柱体捕获，然后形成一个强大的涡流。这个涡流不仅驱动风车旋转，还能够在大风中继续运行，而不是像传统的风力发电机那样需要停机。这是因为马格努斯效应能够在任何风速下产生力量，这种力量足以推动风车旋转，而无须担心风速过大导致的破坏[31]。

虽然涡轮风车的设计在理论上具有很大的潜力，但在实践中也面临着一些挑战。首先，涡轮风车的设计比传统的风力发电机更为复杂，需要一系列旋转的圆柱体，以产生马格努斯效应。这增加了制造和维护的成本，也对制造和维护的技术要求较高。其次，虽然涡轮风车可以在大风中持续运行，但在低风速条件下，其发电效率可能会较低。这是因为马格努斯效应需要足够的风速来产生旋转力，否则涡轮风车的发电效率将会降低[32]。

　　尽管面临上述挑战,涡轮风车的经济效益仍然具有较大的潜力。由于其可以在大风中持续运行,所以在风速较高的地区,涡轮风车的发电效率可能会超过传统的风力发电机。此外,涡轮风车的设计也使它可以在不同的风向下运行,这增加了其发电的稳定性,从而提高了其经济效益[33]。从长远来看,如果能够解决涡轮风车在低风速条件下的发电效率问题,以及制造和维护的成本问题,那么涡轮风车的应用前景将会非常广阔。

　　总之,涡轮风车是另一个典型的马格努斯效应在风力发电中的应用案例。它以全新的设计和应用方式,突破了传统风力发电机的局限,打开了一片新的天地。虽然目前还面临一些挑战,但其独特的设计和出色的发电效果已经展示了其巨大的潜力,预示着马格努斯效应在风力发电领域的广阔应用前景。

4.3　马格努斯效应在风力发电领域的应用展望

　　运用马格努斯效应产生旋转作为动力装置的目标长期以来牵动着无数工程师与科学家的心,他们不断设计创新,在天空、海洋和陆地上尝试将脑中的灵感化作现实。从为了减少化石燃料成本而开发出第一艘新型动力船舶,到如今学者们对气候变化的担忧而寻找利用台风发电的方法,这些为人类进步做出贡献的美好理想不断鼓励着人们继续推进马格努斯风动力技术的研究。

　　(1)存在的挑战

　　技术的进步始终伴随着挑战,尽管马格努斯效应风力发电技术有着广阔的应用前景,但在发展过程中也面临着一些技术、经济与环境挑战。

　　技术上,虽然马格努斯风力发电机具有很高的效率和广泛的适应性,但是,由于它的工作原理和常规的风力发电机不同,它还需要解决一些特殊的技术问题。这包括如何设计和制造出高效、稳定和可靠的马格努斯气动装置，如何设计和实现有效的风力捕获系统，如何设计和优化高效的发电机，以及如何设计和实现高效和稳定的控制系统等。这些问题都需要对马格努斯效应、风力发电技术、机械设计、电力系统和控制理论等多个领域的深入理解，以及创新的设计和工程实践。这对研究和开发人员提出了很高的要求，也需要大量的时间和资源。在一些情况下，解决这些问题可能需要开发新的理论、技术和方法，这进一步增加了技术挑战的难度[17]。

在经济上，如何降低马格努斯效应风力发电的成本，提高其经济效益，是目前需要解决的主要问题。虽然风力发电是一种清洁、可再生的能源，但其发电成本相比传统的化石能源仍然较高，这主要是因为马格努斯气动装置和风力捕获系统的设计和制造需要特殊的技术和材料，这增加了其成本。同时，马格努斯风力发电机的设计和实施也需要专业的知识和技能，这进一步增加了其成本[34]。此外，由于马格努斯风力发电是一种新的技术，其市场接受度还相对较低，这也影响了其经济性。因此，如何通过技术进步和规模化生产，降低马格努斯效应风力发电的成本，提高其经济效益，是未来发展的重要任务。

马格努斯风力发电面临的第三个主要挑战是环境问题。虽然风力发电是一种清洁的能源，但是风力发电机的制造和运行仍然会对环境产生一定影响。例如，制造马格努斯气动装置需要使用特殊的材料，这可能会产生有害的废物和排放；风力发电机的运行可能会对附近的环境产生噪声和视觉影响，影响附近居民的生活质量；风力发电机的建设和运行也可能会对生态环境产生影响，如对鸟类的影响等。对于这些问题，需要通过环境评估和管理，以及技术创新和优化，来降低马格努斯风力发电的环境影响。这包括选择环保的材料和工艺，设计和实施有效的噪声和视觉影响控制措施，以及进行生态环境保护和恢复等。这不仅需要环保和能源政策的支持，也需要社区和公众的理解和接受。

（2）带来的技术进步

哪里有挑战哪里就有技术进步。未来，马格努斯效应风力发电技术会在多个方面取得重要的技术进步。

材料科学技术：材料科学在马格努斯风力发电技术的发展中起到了关键的作用。当前，研究人员正在探索更轻质、更强度、更耐磨的新材料，来制造马格努斯效应风力发电机的旋转叶片和其他关键部件。这些新材料不仅可以降低设备的重量，提高设备的性能，还可以延长设备的使用寿命，从而降低设备的运行和维护成本。此外，随着纳米材料、复合材料等新型材料的不断发展，这些新材料在马格努斯效应风力发电技术中的应用也将大有可为。

流体动力学：流体动力学是研究流体运动规律的学科，它在马格努斯效应风力发电技术的发展中扮演着重要的角色。研究人员可以通过对流体动力学的深入研究，更准确地预测风力发电机在不同风速、风向条件下的性能，从而优化发电机的设计，提高其发电效率[35]。

优化算法：优化算法在马格努斯效应风力发电技术的发展中也起到了关键的作用。研究人员可以利用优化算法，对风力发电机的设计参数进行优化，以提高其发电效率和稳定性。例如，可以利用遗传算法、粒子群算法等优化算法，对风力发电机的旋转速度、叶片形状等关键参数进行优化，从而实现设备性能的最大化。

数字孪生技术：数字孪生技术是一种利用物理模型、传感器更新、大数据分析和机器学习算法，构建物理世界与数字世界之间的桥梁的技术。在马格努斯效应风力发电技术的发展中，数字孪生技术可以用于模拟和优化风力发电机的设计，预测和管理设备的运行状态，以及提供设备的预测性维护。

超级计算机技术：随着超级计算机技术的发展，我们可以对风电场进行更精细的模拟和优化。通过在超级计算机上进行大规模的模拟实验，我们可以更准确地理解和预测风电场的行为，这将有助于我们优化风电场的布局和设计，提高其发电效率和稳定性。此外，超级计算机技术还可以用于大数据分析和机器学习，这对于提高风电场的智能化管理和运行水平具有重要意义[36]。

智能制造技术：智能制造技术的发展将对马格努斯效应风力发电技术产生深远的影响。通过采用自动化、数字化和智能化的制造技术，我们可以更高效、更精确地生产风力发电设备，从而提高设备的质量和可靠性，降低设备的制造成本。此外，智能制造技术还可以提高生产过程的灵活性和适应性，这对于满足风电市场的多样化需求具有重要意义。

上述技术的发展将大大提升马格努斯效应风力发电技术的整体水平。随着技术的不断进步，马格努斯效应风力发电技术将具有更高的发电效率，更长的使用寿命，更低的运行和维护成本，以及更强的市场竞争力。

（3）新的应用方向

马格努斯效应风力发电技术，由于其独特的技术特性和优越的环境适应性，未来有着广阔的应用方向，尤其在海上风力发电、分布式风力发电和微电网等方面。下面将对这三个新应用方向进行简要的分析和讨论。

海上风力发电：海上风力发电是指在海洋上布置风力发电设备，利用海洋的风能进行发电。海上风力发电具有风速高、风场稳定、无噪声污染、土地资源利用率高等优点。然而，传统的海上风力发电技术由于技术复杂、造价高昂、维护困难等问题，一直未能得到大规模的商业化应用。马格努斯效应风力发电技术由于其简洁的结构、高效的能量转换效率、强大的环境适应性，非常适合在海上应用。研究人员已经在马格努斯效应风力发电机的海上适应性、防腐防蚀技术、结构优化设计等方面取得了一系列的突破。未来，海上马格努斯效应风力发电有望成为全球海上风力发电市场的重要组成部分，为人类提供大量的清洁、可再生的电力资源[37]。

分布式风力发电：分布式风力发电是指在用户就近的地方安装风力发电设备，利用当地的风能进行发电。分布式风力发电具有节能减排、提高能源利用效率、减少电网输电损失、增强电网稳定性等优点。马格努斯效应风力发电机由于其结构简单、体积小、安装方便，适用于分布式风力发电。研究人员已经在马格努斯效应风力发电机的小型化设计、集成化安装、智能化控制等方面取得了一系列的突破。未来，分布式马格努斯效应风力发电有望广泛应用于城市、乡村、岛屿等地，为用户提供就近、绿色、低价的电力服务，从而改变传统的大规模、集中式的电力供应模式，构建一个更加绿色、智能、高效的能源系统。

微电网：微电网是指具有一定规模的、能够自主运行的电力系统，它可以集成多种类型的发电设备，如风力发电机、太阳能发电板、燃气发电机等，以满足用户的电力需求。微电网具有灵活性高、响应速度快、可靠性强等优点。马格努斯效应风力发电机由于其高效的能量转换效率、强大的环境适应性，适用于微电网的应用。已经有工程师在开发马格努斯效应风力发电机的微电网集成技术工程化应用，也有学者在能量管理策略、电网并网控制等方面取得了一系列的突破。未来，微电网马格努斯效应风力发电有望在城市、乡村、岛屿、远离电网的地区等多种场景中应用，为用户提供稳定、可靠、高效的电力服务，从而提高用户的电力供应安全性，增强电力系统的抗灾能力[38]。

上述新应用方向的开发，将极大地扩大马格努斯效应风力发电技术的应用范围，增强其商业价值，促进其产业化进程。在最理想的情况下，这些新应用方向能为人类提供大量的清洁、可再生的电力资源，促进全球能源的绿色转型，帮助人类实现低碳、可持续的发展。

参 考 文 献

[1] 潘慧炬. 马格努斯效应的力学模型 [J]. 浙江体育科学, 1995 (3): 16 - 19.

[2] 陆鑫宇. 垂直轴马格努斯风力机气动性能研究 [D]. 湘潭: 湘潭大学, 2019.

[3] GIPE P. Wind Energy for the Rest of Us: A Comprehensive Guide to Wind Power and How to Use It [M]. PixyJack Press, 2014.

[4] BATCHELOR G K. An Introduction to Fluid Dynamics [M]. Cambridge University Press, 1967.

[5] MOE, MARIUS. Magnus Effect Windmill [P]. U. S. Patent No. 3, 958, 636. Washington, DC: U. S. Patent and Trademark Office, 1976.

[6] SATO H. The Magnus - Type Wind Power Generator [J]. Journal of Applied Mechanics, Technical Notes, 1986, 53: 113 - 118.

[7] WARSINGER D M, et al. Optimization and Analysis of High Reynolds Number Flow over a Rotating Cylinder with Suction or Injection [J]. West Virginia University, Department of Mechanical and Aerospace Engineering, 1995.

[8] 杨海明, 刘敬兰, 张艳华, 等. 马格努斯效应风力发电技术研究进展 [J]. 风力发电, 2021, 8 (1): 1 - 7.

[9] 刘振宇, 张文超, 李凯, 等. 风能资源评价及风电发展现状 [J]. 新能源进展, 2020, 10 (1): 1 - 6.

[10] GIRESSE TADJOUNG WAFFO, ALAIN SERGES PATRICK FOWE, ARNOL NDJALI BIKORO. Modeling and Simulation of the Magnus Effect in Wind Turbine Application [J]. Journal of Energy Resources Technology. American Society of Mechanical Engineers Digital Collection, 2019, 141 (9): 091202.

[11] TARERNIER D D, FERREIRA C, BUSSOL G. Airfoil optimisation for

Vertical Axis Wind Turbines with Variable pitch [J]. Wind Energy, 2019, 22 (4): 547 – 562.

[12]　REZAEIHA, AMIN, et al. The Effect of the Number of Blades and Solidity on the Performance of a Vertical Axis Wind Turbine [J]. Journal of Physics: Conference Series, 2016, 753 (2): 022024.

[13]　OHYA Y, KARASUDANI T. A Shrouded Wind Turbine Generating High Output Power with Wind – lens Technology [J]. Energies, 2010, 3 (4): 634 – 649.

[14]　IOSIF PARASCHIVOIU. Wind Turbine Design: With Emphasis on Darrieus Concept [M]. Polytechnic International Press, 2002.

[15]　LEONTIEV V. Airfoil for a Vertical Axis Wind Turbine [J]. Journal of Wind Engineering and Industrial Aerodynamics, 1983.

[16]　BERNITSAS B S, RAGHAVAN K. Electricity from Low Speed Wind by an Oscillating Water Column with a Free Surface [J]. Renewable Energy, 2006.

[17]　LIU C, CHAU K T. A Magnetic – geared Outer – rotor Permanent – magnet Brushless Machine for Wind Power Generation [J]. IEEE Transactions on Industry Applications, 2009.

[18]　THRESHER R W, ROBINSON D A, BUTTERFIELD C P. Back to the Future – the History and Future Potential of 'Big' wind power [J]. Renewable and Sustainable Energy Reviews, 2007.

[19]　ZAHAAN BHARMAL. Aerotrope's Magnus Airship [J]. Aerotrope, 2011.

[20]　SHELDAHL R, PAULSON K, KLIMAS A. Aerodynamic Characteristics of Seven Symmetrical Airfoil Sections Through 180 – degree Angle of Attack for Use in Aerodynamic Analysis of Vertical Axis Wind Turbines [J]. Sandia National Laboratories, 1980.

[21]　HANSEN M O L. Aerodynamics of Wind Turbines [J]. 3rd Edition. Earthscan, 2015.

[22]　THRESHER R, LUNDSFORD A, HERSHBERG J, et al. Wind Energy Technology Development Status and Prospects [J]. NASA Report, 1983.

[23]　SEIFERT J. Technical and Economic Assessment of Power Production by Large Wind Energy Converters, Considering Wind Speed Correlation [J]. In European Wind Energy Conference, 2003.

[24]　ENERCON. E‐Ship 1: The Future of Green Logistics [J]. Enercon Magazine, 2012.

[25]　VITERNA L. Summary of Results from the DOE/NASA Moda 200 kW Wind Turbine Test Program [J]. NASA Report, 1981.

[26]　LARWOOD S, VAN DAM C, SCHOW H. Trends in Advanced Wind Turbine Drivetrain Designs, 2001 [J]. ENERGY, 2019.

[27]　MARZUKI O F, RAFIE A S M, ROMLI F I, et al. An Overview of Horizontal‐axis Magnus wind Turbines [C]. IOP Conference Series Materials Science and Engineering, 2018.

[28]　SASAKI K, SUZUKI K, KOBASHI Y. Development of Wind Power Generation System Capable of Operation during Typhoon via Magnus Effect [J]. IEEJ Transactions on Electrical and Electronic Engineering, 2018.

[29]　CHALLENERGY. Typhoon Power Technology [J]. Challenergy Website, 2021.

[30]　OHYA Y, KARASUDANI T. A Shrouded Wind Turbine Generating High Output Power with Wind‐lens Technology [J]. Energies, 2011.

[31]　IIDA T, OHYA Y, SHIMIZU K. Wind‐Lens Turbine: Wind Tunnel Test and Theoretical Analysis [J]. Energies, 2017.

[32]　KIM D, LEE J, PARK C, et al. Experimental Investigation of a Magnus wind Power System [J]. Renewable Energy, 2017.

[33]　LEE J, PARK C, KIM D, et al. The Effect of Rotor Aspect Ratio on the Power Output of a Magnus wind Power System [J]. Journal of Wind Engineering and Industrial Aerodynamics, 2016.

[34]　陈世明，王永杰. 马格努斯风力发电技术研究现状及前景展望 [J]. 能源研究与信息，2020, 36 (4): 329 - 334.

[35]　李世鹏，刘永顺，张春霞，等. 基于马格努斯效应的风力发电系统优化设计研究 [J]. 中国科技论文在线精品论文，2021, 14 (3): 278 - 285.

[36]　张晓龙，张艳丽，刘学民，等. 马格努斯效应风力发电技术的研究进展 [J]. 电力系统保护与控制，2020, 48 (1): 1 - 10.

[37]　赵一鸣. 风能资源评价及风电发展现状 [J]. 新能源进展，2020, 10 (1): 1 - 6.

[38]　吴征镒，李丽娟. 旋转圆柱马格努斯效应风力发电机性能优化 [J]. 可再生能源，2021, 39 (1): 1 - 7.

第 5 章 马格努斯效应在航海领域的应用与展望

早在 20 世纪 20 年代，就有人考虑将马格努斯效应应用到船舶上，但进展不大。在世界各国经济高速发展的今天，尤其在 20 世纪 70 年代石油危机以后，人们又重新对马格努斯效应在其领域上的应用产生了兴趣，取得了一些成果。近几十年来，国外已经有了很多关于马格努斯效应的研究，其中一部分在实际应用中已经取得了显著的效益，比如转筒风帆动力船等。因此，基于马格努斯效应的独特优点，应积极开展对其应用的研究和试验，必将有助于推动航海领域的发展。

5.1 马格努斯效应在航海领域的应用研究

5.1.1 应用背景

马格努斯效应的发现及其在航海领域的应用有 100 多年的历史。早期，由于没有很好地找到与工业相结合的切入点，其经济性不高，未能在工业领域得到大范围推广应用。当前，世界进入经济高速发展期，区别于前三次工业革命，绿色能源的开发与应用已成为影响一个国家经济持续发展的关键问题。调整能源和产业结构，大力发展可再生能源已成为能源和经济发展的当务之急。在这样的背景下，马格努斯效应相关技术开发再次进入大众的视野，人们开始有针对性地开展其在绿色能源领域的研究和应用，如风力机优化、动力领域等方面。其中，在船舶动力推进方面，传统以风能作为主要动力源的帆船，其庞大复杂的风帆机构大量占用甲板面积，不仅造成高昂的安装维护成本，而且降低了远程航海的经济性。此外，船舶常使用传统翼型舵，在较大的舵偏角运行情况下，往往会产生较大的阻力，导致在低速流动中的控制舵效率较低。而基于马格努斯效应的推进装置、转向装置和减摇装置因结构简单、成本低等优势，在航海领域具有广泛的应用前景。

5.1.2　理论与实验研究

Magnus 效应从发现到实验验证，再到应用于实践，经历了漫长的研究过程。在航海领域，理论与实验方面的研究主要集中在如何更好地提高推进、转向和减摇的能力。

（1）推进装置

20 世纪 20 年代初，Anton Flettner 在 Ludwig Prandtl 的指导下，对马格努斯效应进行了深入研究，并发明了为船舶提供动力的转筒风帆。转筒风帆利用发动机驱动转筒自转，使其逆风一侧表面气压增大，顺风一侧表面的气压降低，从而产生一个垂直于气流方向的横向力，通过调整转筒的转速和旋转方向，可以控制风帆受力大小和方向，从而为船舶提供前进的推力（图 5-1）。

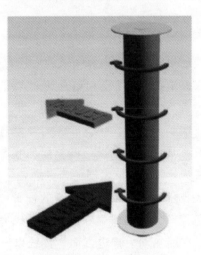

图 5-1　转筒风帆原理图

由伯努利定理可知，转筒风帆产生的马格努斯力大小由转筒的转速与来流的速度比决定，而力的方向取决于转筒旋转的方向。常规风帆推进的船舶，在航行时遇到变化的来流，必须要依靠大量人力调整风帆的面积和角度。对于采用转筒风帆推进的船舶，只需通过控制转筒的转速和旋转方向，改变转筒所受空气动力的大小和方向，就能对船舶航行进行控制[1]。若安装有两个及以上转筒风帆的，即便遇到风向 180°的变化，控制不同转筒风帆的旋转方向就可以轻易改变船舶的航行方向，甚至是掉头。

转筒风帆由传动部分和转筒部分组成，结构简单，易于维护，如图 5-2 所示。电动机通过齿轮为转筒的旋转提供动力，转筒则为船舶提供推力。应用于现代商船的转筒风帆，考虑到不影响港口岸吊的吊臂在装卸货物作业过程中的横向移动，有的还配备了滑轨系统使其可以沿船舷前后移动。在仅考虑来风和转筒自身的情况下（忽略船速），转筒风帆的受力主要可以分解为升力 L 和阻力 D，如图 5-3 所示。

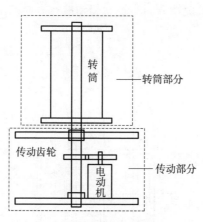

图 5-2　转筒风帆的主要结构

转筒风帆受力如下式所示

$$\begin{cases} L = \rho A V_a^2 C_L \\ D = \rho A V_a^2 C_D \end{cases}$$

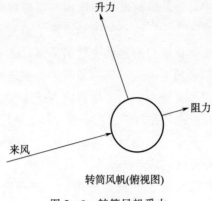

转筒风帆(俯视图)

图 5 - 3　转筒风帆受力

式中，ρ 为空气密度；A 为受风面积（即转筒直径与高度的乘积）；V_a 为来风速度；C_L 和 C_D 分别为转筒风帆升力系数和阻力系数。根据转筒风帆的工作原理和受力公式可知，其可提供的推力主要与风帆的直径、高度、转速和旋转方向等因素相关。图 5 - 4 和图 5 - 5 所示为通过控制转筒风帆旋转方向来控制船舶航行方向的示意图。

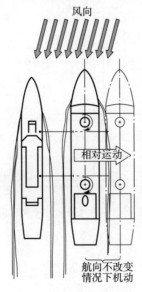

图 5 - 4　基于转筒风帆的侧向机动示意图

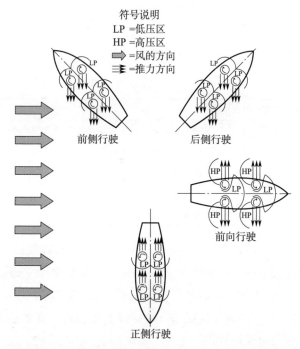

图 5 - 5　四种不同航向下的转筒风帆旋转方向的控制

（2）转向装置

1980 年，美国成功研制了单独的转柱效应舵，并将其应用在了
大型推船上，在密西西比河的航行测试中，以低航速和高负荷进行，
取得了显著的效果[2]。测试结果表明，当转柱舵旋转时的圆周运动
线速度为来流速度的 4 倍时，升力（马格努斯力）与阻力（阻碍船
舶前进的力）之比约为 9：1；而对于普通的翼型舵，舵偏角最大时，
升力与阻力之比也不到 2：1。证明了转柱舵在不增大阻力的前提下，
可以尽量提高对船舶控制的偏转力矩。

1987 年，于明澜、杨炳林[3]在同一架船模上先后安装了 5 种不
同形式的船舵，进行了回转性操纵性试验。试验是在武汉水运工程
学院船舶操纵水池完成的，水池长 80 m，宽 60 m，水深 0.9 m。将
5 种不同船舵先后安装于一艘长为 3.6 m 的单桨船模上，船模尾部

具有舵托，舵位于桨后，其导边距桨盘 61 mm。螺旋桨直径 D_0 = 120 mm，螺距 P = 72 mm。采取遥控自航，定航速 v_m，变舵角 α 和旋筒转速 n 进行试验。五种船舵的形式见表 5-1。

表 5-1　五种船舵的形式

序号	舵形	备注
1	普通流线型舵	又称为原舵。为 NACA 翼型剖面，上下带止流板平衡舵
2	导边转柱舵	原舵导边加一转柱
3	舵中转柱舵	原舵距导边处 55.6％弦长加一转柱
4	随边转柱舵	原舵随边处加一转柱
5	转柱舵	单独转柱，无原舵

试验结果表明，船模在各种转柱舵作用下的回转直径 D 均与其舵角 α 和速度比 u/v_m 这两个参数有关；而在定常尺寸的单独转柱（即转柱舵）作用下，回转直径仅取决于 u/v_m 值，即：

1）各种转柱舵在试验舵角（0°～30°）范围内，其船模的回转直径均随舵角的增大而减小，这是不言而喻的。当 α >20°以后，船模回转直径减小的趋势虽略有缓和，但不十分明显。

2）尽管存在试验环境和船模自身条件等因素对试验结果的影响，但从总的趋势看，各种转柱舵在一定舵角下，其船模的回转直径 D 均随速度比的增大而减小。且在小舵角，u/v_m < 3 时，回转直径减小较明显；而当 u/v_m > 3 以后，回转直径减小变得缓慢。在大舵角（如 α ≥ 30°）情况下，回转直径随速度比 u/v_m 的增大而减小的幅度较小，介于 $D = (2 \sim 3)L$ 之间。另外，在相同舵角下，所有转柱舵的船模回转直径均较原舵工况小，这是各种舵的旋转圆筒的马格努斯力在起作用，但从回转直径减小的幅度看，还不够显著。小舵角（如 α = 5°）时，回转直径最多减小 30％左右；大舵角（如 α = 30°）时，回转直径最多减小 40％左右。

3）单独转柱无论在低速度比或较高速度比下，都具有较强的转船效能。船模在定航速下，其回转直径随转速 n 的增大而减小。当

$n = 100$ r/min（即 $u/\upsilon_m \approx 1$）时，船模回转直径 $D \approx 2.9L$；当 $n = 400$ r/min（即 $u/\upsilon_m \approx 3$）时，$D \approx 0.4L$。当转速 $n > 400$ r/min（$u/\upsilon_m > 3$）以后，这一减小的趋势趋向缓和。在 $n = 400 \sim 500$ r/min（即 $u/\upsilon_m = 3 \sim 4$）范围内，船模回转直径 D 随转速 n 的变化甚微。当舵角为零时，升力系数 C_L 随转速 n 的增大而迅速增大，当 $u/\upsilon_m > 3$ 以后，C_L 的增大非常缓慢。

同时，在比较船舶的回转角速度时，转柱舵的试验结果明显比流线型舵更快，说明转柱舵可以显著提高船舶的回转性能。

（3）减摇装置

通常的减摇装置是通过两侧的减摇鳍片起作用的。马格努斯减摇装置用旋转的圆柱体代替通常的鳍片，通过改变旋筒的旋转速度和方向来改变其产生升力的大小和方向。船在海上航行时，受到海浪、海风和海流的干扰，产生横摇运动，船上的角速度陀螺检测船舶的横摇信号，控制器通过解算控制发出控制信号，由驱动单元驱动船体两侧的旋筒进行转速相同、转向相反的旋转运动，两侧旋筒上产生大小相同、方向相反的升力，相对于横摇轴产生稳定力矩抵抗海浪的干扰力矩，进而减小船舶横摇。如图 5 - 6 所示，右侧旋筒绕其旋转轴做逆时针旋转，则其上产生向上的升力，而左侧旋筒绕其旋转轴做顺时针旋转，产生向下的升力。两个旋筒上的升力相对于船体横摇轴则会产生方向相同的稳定力矩，来减小船舶的横摇。

马格努斯旋转圆柱减摇装置从机理角度来说就是一个在一定进流条件下，产生升力的旋转圆柱，理论上是旋转圆柱绕流问题。目前，圆柱绕流问题的研究大多集中在低雷诺数、非旋转或二维仿真研究上[4-6]。高雷诺数下旋转圆柱绕流的三维仿真研究较少，且人们更多关注的是雷诺数、斯特劳哈尔数、速度比对升/阻力以及圆柱后方尾迹变化的影响[7-9]。Lafay[10] 通过大量的实验研究了马格努斯效应产生的升力，指出投影面积相同的情况下，旋转圆柱产生的马格努斯力的大小约是翼面的 2 倍。Prandtl[11] 进行了圆柱绕流的可视化研究，指出其升力系数最大为 4π，该升力系数大约是飞机机翼通常

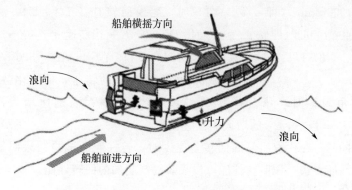

图 5-6　马格努斯效应减摇装置减摇原理示意图

得到的数值的 10 倍。Reid[12]认为单位投影面积上，转子翼的升力相当于传统减摇鳍的 7 倍，但没有给出具体的转速和航速等约束条件。Karabelas[13]采用大涡模拟的方法在小速度比（$a<2$）情况下对旋转圆柱绕流问题进行了二维仿真研究，认为阻力随着转速的增加而减小，由于其采用的速度比比较低，范围较窄，其结果没有能够呈现出一个较完整的发展态势。Chen 等人[14]在较大的速度比范围内采用水池实验测量了长度为 0.59 m，半径分别为 0.319 m、0.267 m、0.216 m 和 0.102 m 带同轴旋转端板的旋转翼水动力特性，认为升力系数和阻力系数取决于速度比。其实验由于受电动机的限制，转速较低（小于 600 r/min），且来流速度也较小，导致其升/阻力系数较高，测量结果表明升力系数可以超过 4π。虽然文献［14］的研究结果表明 Prandtl 极限可以被超越，但是符合 Prandtl 极限的研究也依然存在。Reid[12]采用风洞试验对旋转圆柱绕流问题进行了研究，转速高达 1 800～3 600 r/min，但是测得的升力系数没有超过 4π。Chew 等人[15]研究了雷诺数 100、速度比为 6 时的升力系数，其值也没有超过 Prandtl 极限。梁利华等人[16]结合美国 Quantum 公司推出的 Maglift 型产品，研究基于马格努斯效应的船用减摇装置（转子翼）的水动力特性，分析了不同航速、转速下转子翼的升/阻特性，结果表明转子翼的升/阻力受航速、转速的影响显著，均随两者的增

加而增加，在低航速条件下（约小于 9 kn），旋转翼上的升力、阻力几乎与航速和转速成正比关系，随着航速的增加呈现出非线性关系；与传统翅片型减摇鳍相比，马格努斯减摇装置拥有更大的升力系数。

但是，截至目前，由于高雷诺数下旋转圆柱绕流问题的复杂性，马格努斯减摇装置的水动力特性与各量之间的关系尚不明确。

5.1.3　工程实践探索

自从发现了马格努斯效应能够产生较大升力以来，关于马格努斯效应应用在航海领域的探索研究从未间断，尤其在船舶推进、船舶操纵和船舶减摇等方面。

（1）马格努斯效应在船舶推进方面的应用探究

大约 1895 年，拉克罗伊船长（Captain La Croix）[17] 报告了首次在海上使用马格努斯效应。上海的一位传教士安装了一个马格努斯效应的单转子舢板，发现安装舢板的划艇比同等大小的划艇速度更快。1918 年，Foettinger 教授讨论了在水流中作用于旋转圆柱的侧向力的试验。试验表明，就海流力而言，转子的功能类似于斜面。1919 年，根据 Foettinger 的建议，Guembel 教授制造了一种具有可旋转圆柱形叶片的螺旋桨。随后，许多马格努斯效应螺旋桨概念的专利获得了授权，从理论上证明了旋转叶片推进器能够产生比传统推进器更大的推力[18]。

20 世纪 20 年代初，Anton Flettner 与位于阿姆斯特丹的水力和航空发展研究所合作，建造了一艘基于马格努斯效应的试验船，船上装有一个由发条机构驱动旋转的转筒风帆[19]，这是马格努斯效应在船舶领域的最早应用。航行试验结果表明，在相同的投影面积下，转筒风帆产生驱动力是常规风帆的 8～10 倍，效率是常规风帆的 4～5 倍。Anton Flettner 对其研究的马格努斯效应装置申请了一系列的专利，包含转子、叶片和风车等。随后，基于马格努斯效应的改装船 Buckau 通过风洞试验验证了其在航海推进中的优点，并完成了航行试验。改装船 Buckau 的转筒风帆由两个高 18.3 m、直径 2.8 m

的转筒风帆及两台 10 马力的电机组成，总质量约为 680 kg，只有配备的帆布式风帆的同类船舶质量的 1/5。试验结果表明，转筒风帆可在暴风雨中以最大速度转动，船舶对强风具有非常强的适应性。因此，与常规风帆的船舶相比，装有转筒风帆的船舶在制定航线时可以更加靠近强风区域；此外，船舶还可以通过改变转筒风帆的转速大小操纵航行速度，通过改变转速方向操纵船舶行进方向，甚至可以反向航行。随后，改装船 Buckau 改名为 Baden‐Baden（图 5‐7），并在转筒风帆推进下以 15.742 km/h 的速度沿哈德逊河航行 11 482 km 抵达纽约，随后从亚速尔群岛穿过大西洋，在比斯开湾和哈特拉斯角附近还遭遇了可怕的风暴。事实证明，基于马格努斯效应转筒风帆推进提高了船舶的安全性，而正是这次的非凡航行，使基于 Anton Flettner 的转筒风帆闻名于世。同一时期，德国 A. G. Weser 船厂也建造了另一艘更大的转筒风帆推进船舶，该船名为 Barbara，一共安装了 3 个转筒风帆[20]，如图 5‐8 所示。

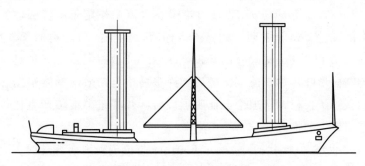

图 5‐7　Baden‐Baden 船

20 世纪 80 年代初，水下探险家雅克·伊夫·库斯托（Jacques Yves Cousteau）采用椭圆转筒风帆的双体船"Moulin A Vent"完成了海上航行试验。该双体船长 20 m，推进系统是一个长 13.5 m 的椭圆转筒，顶部安装有风扇。遗憾的是，同年 12 月，双体船"Moulin A Vent"在横渡大西洋时发生了事故，椭圆转筒风帆受损。同一时期，G. M. Kudrevatty 等人提出了一种提高效率的海洋气动推

图 5-8 安装有 3 个转筒风帆 Barbara 号货船

进装置[21]，该装置在前缘安装有 Flettner 转子，转子可改善旋翼帆的顺风性能。模型在风洞中通过了测试验证，并开发出了转柱-翼组合帆（图 5-9）。理论上，转柱-翼组合帆风力推进装置可以应用于"阿勒泰（Altay）"级游轮。转柱帆转子直径为 2 m，长度为 10 m。若要获得相同的推力，需要 6 个相同尺寸的转筒风帆。

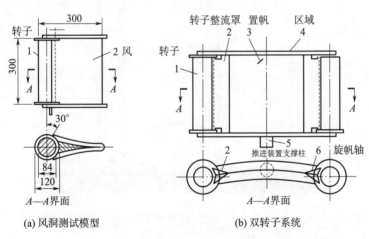

(a) 风洞测试模型   (b) 双转子系统

图 5-9 海洋气动推进装置转柱帆示意图

同一时期，Hanson 等人对马格努斯旋筒进行了试验，并对其辅助推进的效果进行了评估[22]，随后以 Hanson 命名的 Hanson 转筒风帆在重 18 t、长 12.8 m 的"跟踪器"（Tracker）号游轮上进行测试，试验结果证明了转筒风帆作为渔船和商船推进系统的可靠性和经济性，具有广阔的应用前景，图 5-10 所示为安装了 Hanson 转筒风帆的"跟踪器"号游轮。当发动机熄火时，"跟踪器"号游轮的性能很好，速度超过 14.8 km/h。在速度比为 5 时，Hanson 转筒风帆的升力系数接近 13，远远超过 Flettner 的转筒风帆。Ake Williams 和 Hans Liljenberg 完成了进一步的 Flettner 转筒风帆试验，即在一艘长 6 m 的测试船上安装一个由帆布制成的可折叠转子，性能好于预期。该试验进一步证明，帆布纺织物可用于转子的壳体。据此，Ake Williams 和 Hans Liljenberg 分别为一艘长 12 m 的渔船和一艘载重 950 t 贸易货船设计了转筒风帆的推进系统。转筒风帆再次吸引了航海推进方面学者的青睐，被认为是帆辅助推进系统的主要竞争者[23]。

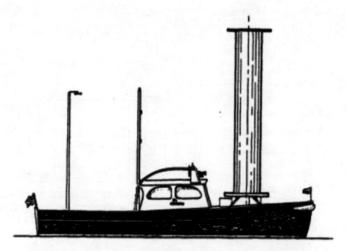

图 5-10   安装了 Hanson 转筒风帆的"跟踪器"号游轮

国内针对转筒风帆在船舶推进中的应用也开展了大量的研究。杨琳等人提出了一种套用在船舶烟囱外的马格努斯风帆装置[24]，如图 5-11 所示。该装置包括船舶烟囱、风筒、螺旋叶片、锥形齿轮、电动机，风筒由同轴排布的内层风筒和外层风筒组成。内层风筒和外层风筒之间通过螺旋叶片连接，内层风筒通过滚动轴承安装在烟囱的外侧壁上，风从内层风筒和外层风筒的下边缘的缝隙内进入，风推动螺旋叶片，带动风筒旋转。内层风筒的侧壁底边沿环形周边安装有齿缘，烟囱两侧对称安装有两个锥形齿轮，锥形齿轮与内层风筒的齿轮相互啮合；锥形齿轮通过电动机驱动，锥形齿轮转动带动内层风筒旋转。将马格努斯风筒与船舶烟囱结构组合的方案，大大节约船舶上的空间和安装成本，提高了风筒受力的稳固性。螺旋叶片有效利用风能驱动风筒旋转，提高效率，电动机驱动锥形齿轮带动风筒旋转，提高了马格努斯风帆的可控性与可调性，使船舶在航行过程中不仅在受到横向风时可以利用马格努斯效应将风能转化为动能为船舶提供推进力，还可以在船舶顺风和逆风行驶时都能有效地利用风能，节约能源。

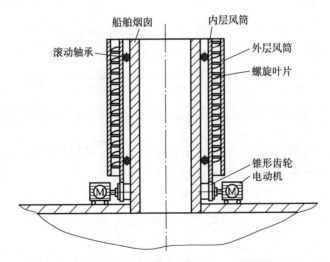

图 5-11　一种套用在船舶烟囱外的马格努斯风帆

　　刘子健等人提出了基于马格努斯效应的螺旋槽道转筒风帆装置[22]，风可通过槽道进入圆筒，辅助风筒的转动，提高其旋转后产生的流场分布的均匀性，通过螺旋槽道的巧妙设计，使其在流场中旋转时受到的马格努斯力更大，风能转化率更高。由于螺旋槽道还具有消涡的作用，减少尾涡及振动，提高实际应用效果。螺旋槽道转筒风帆的结构示意图及在船舶上的具体装置如图 5 - 12 所示。螺旋槽道转筒风帆采用钢制材料制成，包括风筒及其主轴，风筒为圆柱形结构，风筒的上下两端分别安装有用以稳定气流、减小风筒背风面压力梯度的上端盖和下底座。主轴与下底座固定连接，下底座与甲板铰接连接，实现转筒风帆的转动；风筒的外表面有单螺旋矩形槽道，在保证整体风筒结构强度的同时，提高其在流场中旋转时受到的马格努斯力，螺旋槽道的圈数为 4～8 圈。与传统圆筒形风帆装置相比，在受到横向风时，转筒风帆产生的马格努斯力为一个沿轴向的梯度力，受力中心下移，使船舶在行驶过程中受力更加稳定。

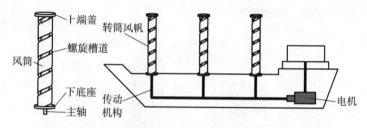

图 5 - 12　螺旋槽道转筒风帆装置构成及在船舶上的安装位置示意图

　　陈京普等人提出了一种具有风能推进装置的游轮方案[25]，该游轮的推进系统采用了转筒风帆的推进系统（图 5 - 13），与船尾推进器、侧推机构配合辅助船舶推进，降低了船舶能耗，实现节能减排，同时保证了船舶在恶劣海况下的操纵性能，满足了船舶最小安全功率的要求。

　　胡清波等人提出了一种应用马格努斯效应的船舶自动化行驶系统（图 5 - 14）[26]，该系统由船舶主体和马格努斯转子组成，马格努斯转子的顶部安装超声波传感器，马格努斯转子由独立的电动机驱动；船舶主控计算机分别与马格努斯转子上的超声波传感器连接；自动化行驶系统通过传感器监测和主控计算机结合，控制马格努斯转子转动，使船舶航行推进力达到最大，节省能量并获得更好的经济性；此外，该系统自动化程度高，通过重力传感器和侧面的反径

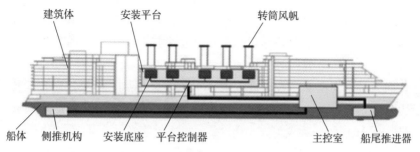

图 5 - 13　具有转筒风帆推进装置的游轮

向力推进器，可避免船舶碰撞与侧翻，对于驾驶人技术要求低，可提高船舶安全性。

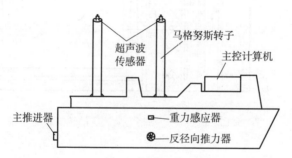

图 5 - 14　马格努斯效应的船只自动化行驶系统

　　青岛大学[27]采用 CFD 方法，以 NACA 0021 翼型作为无人帆船主翼帆的基准翼型，在主翼帆顶缘耦合马格努斯圆柱，分析马格努斯圆柱关键参数（直径、位置和间隔）对翼型升阻特性的影响规律；在主翼帆顶缘耦合马格努斯圆柱的基础上，将襟翼帆嵌入主翼帆尾缘，研究不同襟翼帆偏转角下翼型周围流场和升阻特性及其对无人帆船推力性能的影响规律。研究结果可为马格努斯圆柱及嵌入式襟翼帆在无人帆船领域的应用提供参考。

　　（2）马格努斯效应在船舶操纵方面的应用探究

　　国外关于马格努斯效应转柱舵的研究最早可追溯到 20 世纪 20 年代末，美国人 Roos 提出了基于马格努斯效应的船用转向系统概念[28]（图 5 - 15），该转向系统可应用于美国的公共领域，任何人均可使用而不需缴纳专利相关的费用。但值得一提的是，Roos 所提转向系统中的"滚轴"外形酷似香肠，缺少提高升力效应的端板，导致升力和转向力的损失。同一时期，英国人 Gasparini 针对 Roos 的转向系统，提出了一种改进方案[29]，该方案增加了端板，提升了升力效应，可作为一个典型的马格努斯效应舵应用在现代的船舶领域（图 5 - 16）。

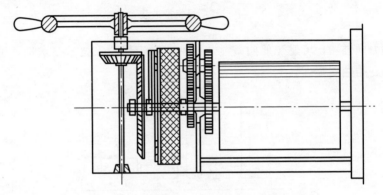

图 5 - 15　Roos 基于马格努斯效应的转向系统

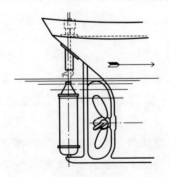

图 5 - 16　Gasparini 的改进方案

20 世纪 80 年代初，Weiss 等人提出了一种并非严格意义上的马格努斯装置，即采用转子来增强喷水发动的推力和转向性能[30]。在

图 5-17 中，运用两个转子取代了两次喷嘴或扩散收缩管，从而使总长度缩短。当两个转子按相反方向旋转时，通过控制转子速度实现射流膨胀。如果转子以相同的方向旋转，这相对固定安装的发动机是一个很大的优势。该装置安装在船上时，向前或向后方向偏转射流的能力是非常理想的，可同时实现对船舶的推进和操纵。

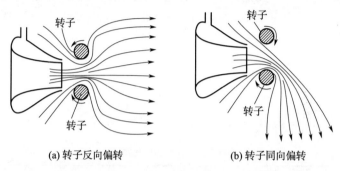

(a) 转子反向偏转　　　　　　(b) 转子同向偏转

图 5-17　采用转子取代两次喷嘴或扩散收缩管发动机工作方案

　　从 20 世纪 70 年代末期开始，李志春等人[31]利用两个船模（与实船的缩尺比为 1：30），完成了正航和倒航操纵试验，对转柱与普通舵的性能进行了比较。采用转柱作为正航操纵主舵的船模 A 是一艘双尾鳍船型的登陆舰模，船模水线长 3.17 m，排水量为 85 kg。该船模若采用常规矩形舵，双舵面积为 2×58 mm×83 mm，面积系数为 3.5%，在正航速度 1.5 m/s 的情况下操纵舵角为 35°时，回转直径达 6 倍船长；加大舵面积至 2×80 mm×90 mm，面积系数为 5% 后，35°舵角时的回转直径也达 4.2 倍船长。若采用两根直径为 20 mm、长度 100 mm 的圆柱安装在原舵位置，当圆柱转速为 3 000 r/min 时，回转直径为 4.1 倍船长；转速增加到 5 000 r/min 时，船模回转直径下降到 2 倍船长之内。而倒航操纵采用的是双桨双舵型登陆舰模 B，船模水线长 3 m，排水量 113 kg。该船模倒航航向极不稳定，一经倒航即刻进入回转状态且难以纠正其航向。为改善倒航操纵性能，李志春等人在两个螺旋桨盘前各安装 2 个转柱

或 2 个倒车舵。结果发现，直径为 10 mm、长度为 80 mm 的转柱在
3 000 r/min 情况下，纠航能力与 50 mm×67 mm 大面积倒车舵操纵
到最大舵角 35°时相当，而转柱转速加大至 6 000 r/min 时即能跳出
倒航回转圈，这样大的操纵力是常规倒车舵等装置所难以达到的。

　　许汉珍等人[32]完成了装有转柱舵的船模和实船的操纵性试验，
分析了回转、Z 形操舵、倒航和停船的试验结果，并与流线型舵进
行了比较，阐述了转柱舵良好的操船效果，尤其是倒航和停船时转
柱舵对船舶仍具有操纵能力，这是流线型舵所无法媲美的。试验
船为武汉长江轮船公司的 45 m 区间"江汉"118 号客船，船模按缩
尺比 1：11.67 制作而成。实船与船模的有关要素列于表 5-2。实船
和船模转柱舵的外形与流线型舵基本相同，只是舵的前缘装有一转
柱，整个舵剖面的线型光顺。

表 5-2　实船和船模要素

船体			螺旋桨		
要素	实船	模型	要素	实船	模型
总长 (L)/m	45.50	3.900	直径 (D)/m	1.40	0.120
设计水线长 (L_w)/m	42.00	3.600	螺距 (H)/m	0.87	0.075
型宽 (B)/m	8.20	0.703	螺距比 H/D	0.62	0.62
型深 (H)/m	2.90	0.249	速度比 (N)/(r/min)	500	1700
设计吃水 (T)/m	2.10	0.180	盘面比	0.55	0.55
排水量 (Δ)/t	364	0.240	叶数 (z)	4	4
方形系数 C_B	0.528	0.528	旋向	右旋	右旋
菱形系数 C_P	0.590	0.590	桨数	1	1

舵				
型式	实船		模型	
	流线型	转柱舵	流线型	转柱舵
舵高 (H)/m	1.715	1.715	0.147	0.147
舵弦长 (b)/m	2.300	2.300	0.200	0.200
展弦比 (λ)	0.746	0.746	0.746	0.746

续表

型式	舵			
	实船		模型	
	流线型	转柱舵	流线型	转柱舵
平衡比（K）	0.210	0.210	0.290	0.290
舵剖面型式	NACA0015	NACA0015	NACA0015	NACA0015
转柱直径（d）/m		0.215		0.030
转柱长度（l）/m		1.300		0.117
转柱转速（n）/(r/min)		800		1 910
舵数		1		1

　　船模转柱舵、流线型舵操纵性对比试验在华中理工大学水池中进行。船模的速度选取了三种，即 $v_m = 1.62$ m/s、1.11 m/s、0.5 m/s（相应实船的航速为 $v_s = 19.92$ km/h、13.65 km/h、6.15 km/h），转柱转速 $n = 1$ 910 r/min。试验项目包括回转试验，10°/10°、20°/20° Z 形操舵试验、倒航舵效试验、停船舵效试验。

　　船模和实船转柱舵、流线型舵的操纵性试验结果表明，采用转柱舵在满舵角时相对回转直径比 $D/L = 2 \sim 3$，比流线型舵减少约 $1/3 \sim 1/2$ 倍船长。在小舵角、低速时减小量比较明显，约占回转直径的 1/4。转柱舵操纵船舶的回转角速度较流线型舵的高，而进距则相反（自操舵起，至航向改变 90°时，其重心位置在原航向上的纵向移动距离）。这说明转柱舵的回转性能和规避能力均优于流线型舵。Z 形试验中转柱舵操纵船舶的回转性指数 k 加大，应舵及航向稳定性指数 T 减小，表示船舶的回转性、应舵性及航向稳定性均优于流线型舵。

　　倒航试验时，待船舶进入定常回转后，用转柱舵操纵反向舵角能使船舶脱出回转，进而改变为向另一方向的旋回运动（图 5-18）。停船时，主机停止、螺旋桨不转动，操转柱舵右舵角船首向右偏转，操左舵角船首向左偏转。图 5-19 表示航速 v_s 为零时，操纵 30°舵角，航向偏转 10°的舵效试验。流线型舵在倒航和停船时均无舵效。

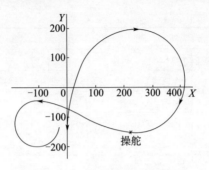

图 5 - 18　实船转柱舵倒航试验

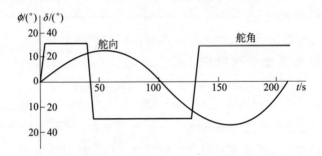

图 5 - 19　实船转柱舵停船操纵试验 $\upsilon_s = 0$

"江汉"118 号客船将原流线型舵的前缘切去，加装直径为 0.215 m、长 1.3 m 的转柱后，投入营运的使用部门反映：改装转柱舵后，船在狭窄水域调头方便，满舵角时相对回转直径比原流线型舵减少 1/3 倍船长；原流线型舵在船靠离码头时需多次正、倒车才能靠离，改装转柱舵后减少了动车次数，缩短了靠离的时间；在水域较差的码头甚至不动主机，只用转柱舵就可以使船首调离码头；航行时如须使用转柱时，只要按下开关，操作十分方便。

（3）马格努斯效应在船舶减摇方面的应用探究

虽然将马格努斯效应应用到船舶减摇的专利早在 20 世纪 70 年代就已经申请，但是由于结构、密封和控制等原因，一直未能得到很好的发展。随着科学技术的发展和研究的进一步深入，将基于马格努斯效应的旋转式减摇装置应用于实践的条件越来越成熟。

　　受马格努斯效应启发，RotorSwing 公司的 Theo Koop 等人研制了世界上第一款可收放全电力驱动的减摇装置，实船安装试验，取得良好的减摇效果。RotorSwing 公司旋转式减摇装置也是采用的旋筒。当快艇在水面航行时，根据旋转方向的不同，旋筒产生向上或向下的力，进而产生抵抗横摇的稳定力矩，从而达到减摇的效果。

　　杜雪[33]根据 Quantum 公司的 MAGLift™减摇装置参数产品，结合所研究目标船参数，匹配确定对应船舶减摇产品参数，并对减摇过程的动力学进行分析，在 Matlab/Simulink 环境中搭建旋筒减摇装置的仿真模型，图 5-20 所示为减摇装置控制系统结构图。其采用的减摇装置旋筒长为 3.22 m，半径为 0.23 m，适用于船长在 45～70 m 的船舶。为了研究旋筒减摇装置的减摇特性，分别针对不同海况、航速以及不同遭遇角情况下的减摇效果进行仿真分析，分析的结果见表 5-3。仿真结果表明，马格努斯旋转式减摇装置在较低航速下具有较好的减摇效果。

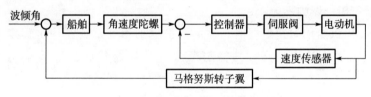

图 5-20　旋筒减摇装置控制系统结构图

表 5-3　旋筒减摇装置减摇效果统计

有义波高 $h_{1/3}$	遭遇角 航速	30°	60°	90°	120°	150°
1 m	3 kn	80.6%	72.1%	62.1%	62.8%	63.8%
	6 kn	91.7%	82.3%	71.0%	62.0%	57.0%
	9 kn	83.4%	87.7%	71.5%	57.6%	48.7%
	12 kn	87.2%	94.4%	71.3%	52.9%	41.2%

续表

有义波高 $h_{1/3}$ / 遭遇角 航速		30°	60°	90°	120°	150°
2 m	3 kn	92.8%	87.7%	79.9%	83.2%	86.4%
	6 kn	95.3%	93.6%	91.1%	86.8%	84.6%
	9 kn	90.2%	94.7%	91.7%	85.4%	85.6%
	12 kn	88.9%	96.2%	91.8%	83.3%	75.9%
3 m	3 kn	93.6%	88.3%	80.9%	86.2%	91.6%
	6 kn	95.7%	94.7%	93.4%	92.6%	91.5%
	9 kn	92.9%	95.4%	94.1%	92.1%	90.8%
	12 kn	75.2%	96.1%	94.5%	91.2%	87.9%

王一帆[34]对船舶横摇运动的机理进行了分析，最后在选定模型的基础上分别对匀速航行和零航速的减摇运动进行了模拟，对比减摇前后的减摇效果。结果表明如下：

1）在马格努斯效应减摇装置不工作时，安装该装置对选定船型的航行阻力影响不大。

2）该船舶匀速航行时，波高和航速的增加都会在一定程度上造成减摇效果的提高，马格努斯效应减摇装置的减摇效果约为36%～94%。

3）该船舶零航速减摇时，遭遇角为90°时的减摇效果在一定程度上略小于其他两个浪向角，且随着波高的增大，减摇效果呈下降趋势，马格努斯效应减摇装置的减摇效果约为30%～57%。

哈尔滨工程大学韩阳等人[35]提出了一种基于马格努斯效应的分离圆柱式减摇装置。该装置如图5-21所示，包括电动机、电动机轴承、万向节、直线轴承、半圆柱和端板，两个半圆柱由端板连接在一起，并且两个半圆柱之间有一定间隙；电动机一端连接电动机轴承的一端，电动机轴承的另一端连接万向节的一端，万向节的一端连接直线轴承的一端，直线轴承的另一端连接半圆柱的一端，电动机转动带动半圆柱转动，两个半圆柱旋转使两个半圆柱上下产生压力差，从而产生升力，在船舶两侧各安装一个该减摇装置，所产生的力矩可以抵消船舶横摇力矩，从而达到减摇效果。其中，两个圆柱之间留有一定间隙，在转动的时候可以起到分流的作用，减小阻力，提高升阻比，增加减摇效果；旋转半圆柱和直线轴承以及连接的端板尺寸根据实际工况设计，在低航速下两个半圆柱旋转产生升力，使该减摇可以在低航速或者零航速进行减摇。

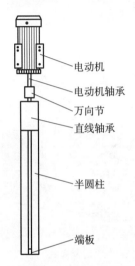

图 5-21　马格努斯效应的分离圆柱式减摇装置

（4）马格努斯螺旋桨

Borg 发明一种水平轴螺旋桨，由两个或更多的径向定位转子组成[36]，以代替传统的叶片，如图 5-22 所示。该发明是唯一可逆的水平轴马格努斯效应螺旋桨，Fork 的摆线螺旋桨虽然是可逆的，但其是垂直轴式的。转子由位于其顶端的摩擦轮推动，摩擦轮则靠嵌入喷管内表面的凹槽或座圈转动来驱动。当转子尖端撞击凹槽的前缘时，船舶在螺旋桨的作用下向前行进。转向是通过将螺旋桨组件向后移动一个短距离来完成的，这样转子尖摩擦轮将撞击驱动环槽的后表面。换档可通过螺旋桨尾轴上花键联轴器来实现，向前或向后的移动则通过轴环和推力轴承的机械方式来实现。除了能够获得更大推力的优势外,喷管式马格努斯螺旋桨还有其他独特的功能。
螺旋桨安装在环内,旋转叶片的外侧尖端不需要端盘(端盘产生流
体阻力,因此需要大量的能量来克服流体介质中的表面摩擦)。可逆
转子驱动装置无须在主机上使用倒档。Borg 螺旋桨适合改装现有船
舶。带喷嘴式的马格努斯螺旋桨在某些类型的船舶上可能具有相当
大的价值,因为它具有节省燃料的潜力,而且它能够在后退模式下
产生几乎与向前航行时一样大的推力。

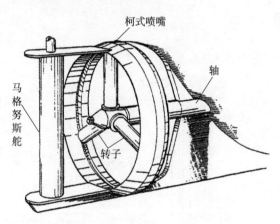

图 5-22　Borg 发明的喷嘴式马格努斯效应螺旋桨

　　另外一种水平轴螺旋桨选择在轮毂上安装电机,这些电机直接
驱动与其连接的转子旋转,如图 5-23 所示。驱动转子旋转的电机
功耗也不是非常大。这种布局的螺旋桨的优点是可逆性的,即可通
过控制推进发动机齿轮箱来实现,这一优点也使这种螺旋桨成为各
种改装船的首选。

　　在我国,王惠提出了一种基于马格努斯效应的螺旋桨专利[37],
该螺旋桨桨棒采用带螺旋沟槽、螺旋凸起特征的设计,螺旋桨工作
时遇到气流时自动旋转,进一步利用马格努斯效应产生推力,采用
桨棒替代常规叶片不仅可极大降低对所触及人或物的杀伤力,还可
降低旋转时的自激振荡带来的噪声,如图 5-24 所示。

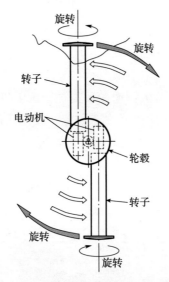

图 5 - 23　轮船行进中的螺旋桨（后视图）

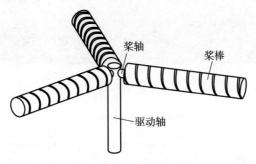

图 5 - 24　螺旋桨结构原理图

5.2　马格努斯效应在航海领域的应用案例

马格努斯效应的发现虽然已有 100 多年，但真正深入地开展其应用研究只是近十几年的事。而在航海领域的应用主要体现在转筒风帆、转柱舵和减摇装置三个方面。

5.2.1　转筒风帆

　　进入 21 世纪，为降低对石油的依赖，基于马格努斯效应的推进系统在降低运输成本上具有非常大的竞争力，并能够减少船舶航行对环境的影响，在一些大型船舶的推进系统上得到了运用。芬兰航运公司 Bore 旗下一艘 9 700 t 的滚装船"Estraden"号上安装了两台高为 18 m、直径为 3 m 的转筒风帆，如图 5 - 25 所示。该滚装船主要在荷兰和英国之间进行运输服务，安装的两个转筒风帆可以减少约 6.1% 的油耗，相当于每年节省 400 t 燃油。

图 5 - 25　"Estraden"号滚装船

　　同样，采用转筒风帆的还有希腊的 64 000 t 的"Afros"号散货船（图 5 - 26）。该散货船也是全球第一艘装有转筒风帆的散货船，安装了 4 个转筒风帆，转筒高度为 18 m，最大转速为 450 r/min，可根据船上的风速、风向传感器收集的数据，来相应控制转筒的转速和转向，以获取最大推力。理论上，投入使用后可在相同航速下日均节省 4 t 主机油耗。值得一提的是，该船由江苏海通海洋工程装备有限公司研制，并于 2018 年 1 月交付希腊维多利亚轮船公司。

　　维京游轮（Viking Line）旗下的 LNG 动力大型客船"Viking Grace"号（图 5 - 27）从 2018 年 4 月开始安装芬兰 Norsepower 公司生产的转筒风帆。该风帆高为 24 m，直径为 4 m，能利用风动力

图 5 - 26　Afros 号散货船

作为客船的推进力协助航行，每年降低燃料成本多达 20%，预计每年可减少 900 t 的碳排放。这也是首艘采用转筒风帆的客船，目前已完成了为期三年的转筒风帆技术测试。

图 5 - 27　Viking Grace 号游轮

此外，转筒风帆在马士基（Maersk Pelican）公司旗下的游轮上得到应用，游轮安装了 Norsepower 公司生产的两个 Flettner 转筒风帆，成为全球最大的转筒风帆动力船。经过近一年的航行后，根据英国劳氏船级社船舶性能小组专家分析和验证，马士基游轮一年来共节油 8.2%，相当于减排二氧化碳 1 400 t。在这一年中，马士基公司游轮先后航经了欧洲、中东、亚洲和澳大利亚，经历了热带气候到北极条件下的各种气象状况，证明转筒风帆船适宜于全球各种风况的航线。据 Norsepower 公司技术人员介绍，理论上，这种转筒风帆在全球平均风速条件下，可为船舶节省高达 12% 的燃料。马士基游轮的这次测试虽然取得较好成效，但仍有进一步提升的空间。2019 年 2 月，世界权威机构 DNV GL 向 Norsepower 公司研制的尺寸为 30 m×5 m 的转筒风帆颁发了认可证书。这也是迄今为止最大的转筒风帆（图 5-28），标志着马格努斯效应在船舶推进技术应用上的成功。

图 5-28　Maersk Pelican 游轮

2022 年，全球领先的风力辅助推进系统供应商 Norsepower 公司宣布与大连船舶重工集团有限公司签订合同，在两艘新建的二氧化碳运输船上各安装一转筒风帆。这两艘液化二氧化碳运输船每艘配备一桅 28 m × 4 m Norsepower 转筒转帆。经过计算，Norsepower 公司估计转筒风帆将每艘船的燃料消耗和二氧化碳排放量将减少约 5%。这是转筒风帆应用的又一大进步。

5.2.2　转柱舵

船模实验表明，安装转柱舵后，可大大改善船舶操纵性，与普通舵的回转性能比较，船舶的回转直径能显著减小，甚至用小的操舵角也可获得良好的船舶回转性能。据报道，最早将转柱舵应用于实船是英国的一艘拖轮，该拖轮长为 24.5 m，宽为 6 m，吃水约为 2 m，排水量为 200 t，安装的转柱舵转速可在 600～900 r/min 范围内变化，转柱直径为 15.25 m。海上实船运行结果显示，拖轮全速航行时，操舵角为 80°，转柱舵转速为 600 r/min，操舵速度为 4（°）/s 时，拖轮能在 12.2 m 的圆周上回转。船速降低到 4.9 kn 时，使用操舵角 40°，转柱舵转速为 900 r/min 时，其回旋直径约为船长的 2 倍，回转时间不超过 2.5 min。全速时进行紧急制动，使用转柱舵后拖轮能在 72 s 时间内绕船长为直径的圆周上回转。这些数据表明，转柱舵有很好的实用价值。

目前，美国已将转柱舵应用于 2 720 kW 的大型推船上。我国也于 1989 年首次将转柱舵应用于江汉 118 号轮上试航成功。

5.2.3　减摇装置

美国 RotorSwing 公司最早研制出了基于马格努斯效应的减摇装置，其原理是利用旋转的圆柱体代替传统的鳍片。当船舶发生横摇时，船体两侧的圆柱发生旋转，由于马格努斯效应可以产生恢复力矩，从而可有效抑制横摇。现已应用到 0～14 kn 的游艇和渔船等船舶。

（1）美国 Quantum 公司 MAGLift™的系列船舶减摇装置

2009 年，Quantum 公司推出名为 MAGLift™的系列船舶减摇产品[38,39]，如图 5-29 所示。工作时旋转轴方向和转速不停根据船舶横摇情况进行调整，来达到减摇要求。减摇装置停机时，回转轴自动沿水流方向贴在船壳板上，减小阻力。MAGLift™减摇系统体积小、重量轻，不仅适用于大型游艇，同样适用于一些渔船、低速

探险船和考察船等，并在中、低、零航速状态运行时均取得了很好
的减摇效果。同时，由于该减摇装置属于可收放式，减小了船舶在
静水航行时的阻力，所以应用范围非常广泛，具有很好的发展前景。
目前，该公司开发出的产品已形成系列，可满足 25～160 m 长的中
小型低速船舶（2～16 kn）的减摇需要。

图 5-29　MAGLift™系列减摇设备

（2）荷兰 RotorSwing 公司开发的马格努斯旋转式减摇装置

受马格努斯效应启发，RotorSwing 公司的 Theo Koop 等人研制
了世界上第一款可收放全电力驱动的减摇装置，经实船安装试验，
取得了良好的减摇效果。RotorSwing 公司旋转式减摇装置采用的也
是旋筒。当快艇在水面航行时，根据旋转方向的不同，旋筒产生向
上或向下的力，进而产生抵抗横摇的稳定力矩，从而达到减摇的效
果。由于 RotorSwing 公司生产的旋转式减摇装置采用全电力驱动，
不像减摇鳍需要安装液压泵、液压油源和昂贵的高压液压管线，因
此也就没有油液泄漏及安装复杂的情况。RotorSwing 公司的旋筒减
摇装置主要针对船长 30 m 以下的快艇等小型船舶。安装
RotorSwing 公司旋筒减摇装置的快艇如图 5-30 所示。

如图 5-31 所示，与传统减摇鳍有效升力约 65% 相比，
RotorSwing 公司的旋筒减摇装置所产生的垂直升力全部用以抵抗船
舶的横摇运动，已成功应用在中低速（3～12 kn）游艇的减摇控制
上[40]，减摇效果达到了 95%，但阻力随船舶速度的增加而增大，能
量损失也随之增大，无法适应高航速船舶的减摇要求。

(a) 展开状态　　　　　　　　　　(b) 收回状态

图 5 - 30　安装 RotorSwing 公司旋筒减摇装置的快艇

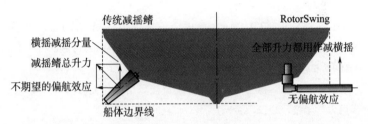

图 5 - 31　传统减摇鳍与 RotorSwing 减摇装置的对比

5.3　马格努斯效应在航海领域的应用展望

　　近几十年来，国外已经有了很多关于马格努斯效应的研究，其中一部分在实际应用中已经取得了显著的效益，尤其在转筒风帆动力船方面。进入 21 世纪，为降低对石油依赖，基于马格努斯效应的推进系统在提高运输成本方面具有非常大的竞争力，并能够减少船舶航行对环境的影响，在一些大型船舶的推进系统上得到了运用。鉴于马格努斯效应有其独特的优点，积极开展对其应用的研究和试验必将有助于推动船舶工业的发展。

参 考 文 献

［1］ 王勇. 浅述转筒风帆的工作原理及实践应用 ［J］. 上海节能，2018 (11)：882 - 886.

［2］ DAG PIKE. Magnus Effect Rudders and Propellers ［J］. Marine Enineer Review，1983 (1)：12 - 18.

［3］ 于明栩，杨炳林. 旋筒型操纵装置的试验研究 ［J］. 武汉水运工程学院学报，1988 (4)：29 - 34.

［4］ SZEPESSY S，BEARMAN P W. Aspect Ratis and end Plate Effects on Vortex Shedding from a Circular Cylinder ［J］. Journal of Fluid Mechanics，1992，234：191 - 217.

［5］ 郝鹏，李国栋，杨兰，等. 圆柱绕流流场结构的大涡模拟研究 ［J］. 应用力学学报，2012，29 (4)：437 - 443.

［6］ CHEN W，RHEEM C K，LIN Y S，et al. Experimental Investigation of the whirl and Generated forces of Rotating Cylinders in still Water and in Flow ［J］. International Journal of Naval Architecture and Ocean Engineering，2020，12：531 - 540.

［7］ KANG SANGMO，CHOI H，LEE S. Laminar Flow Past a Rotating Circular Cylinder ［J］. Physics of Fluids，1999，11 (11)：3312 - 3321.

［8］ 何颖，杨新民，陈志华，等. 旋转圆柱绕流的流场特性 ［J］. 船舶力学，2015，19 (5)：501 - 508.

［9］ 何颖，杨新民，陈志华，等. 高雷诺数圆柱绕流分离的旋转控制 ［J］. 哈尔滨工程大学学报，2016，37 (8)：1143 - 1150.

［10］ PRANDTL L. Magnuselfekt and Windkraftschilf ［J］. The Scienc of Nature，1925，13 (6)：93 - 108.

［11］ PRANDTL L. Application of the "Magnus effect" to the Wind Propulsion of Ships ［R］. Washington：National Advisory Committee for Aeronautics，1926.

[12]　REID E G. Tests of Rotating Cylinders. National Advisory Committee for Aeronautics [R]. NACA，1924.

[13]　KARABELAS S J. Large Eddy Simulation of High – Reynolds Number Flow Past a Rotating Cylinder [J]. International Journal of Heat and Fluid Flow，2010，31（4）：518 – 527.

[14]　CHEN W，RHEEM C K. Experimental Investigation of Rotating Rotor Wings in Flow [J]. Journal of Marine Science and Technology，2018，24（1）：111 – 122.

[15]　CHEW Y T，CHENG M，LUO S C. A Numerical Study of Flow Past a Rotating Circular Cylinder Using a Hybrid Vortex Scheme [J]. Journal of Fluid Mechanics，1995，299：35 – 71.

[16]　梁利华，姜寅令，亢武臣，等. Magnus 减摇装置及其升/阻力特性分析 [J]. 哈尔滨工程大学学报，2021，42（4）：555 – 560.

[17]　CAPT L LACRCIX. Les Ecraseurs de Crabs Surles Derniers Voiliers Caboteurs [J]. aux Portes Du Large，Nantes，France，1947，337 – 338.

[18]　A FLETTNER. "Mein Weg Zum Rotor，"（My Journey to the Rotor），Leipezig 1926，English Translation Entitled "The Story of the Rotor" [M]. Published by F. O. Wilhofft，New York，1926.

[19]　A FLETTNER. The Flettner Rotor Ship [J]. Engineering，vol. 19，January 23，1925，pp. 117 – 120.

[20]　BORG，LUTHER GROUP. The Magnus Effect – an Overview of Its Past and Future Practical Applications [R]. Ad – A165 902. 1986.

[21]　G M KUDREVATTY，V P KHUDIN，B N ZAKHAROV. Marine Aero – dynamic Propulsive Device with Enhanced Efficiency [J]. Sudostroyeniye，no. 2，pp. 14 – 18，（U. S. S. R），1983.

[22]　刘子健，李艳，梅宁，等. 基于马格纳斯效应的转筒风帆装置 [P]. 中国海洋大学，ZL201820815154. X.

[23]　J L BORG. Magnus Effect Steering [J]. Marine Engineering Log，pp. 57 – 60，March 1980.

[24]　杨琳，梅宁，袁瀚，等. 一种套用在船舶烟囱外的马格努斯风帆 [P]. 中国海洋大学，ZL201710351073. 9.

[25]　陈京普，孙文愈，王杉，等. 一种具有风能推进装置的游轮 [P]. 中国船舶科学研究中心，ZL201821229729. 6.

[26] 胡清波，辛贵鹏，姜计荣，等. 一种应用马格努斯效应的船只自动化行驶 [P]. 武汉理工大学，ZL201810649830.5.

[27] 邓皓云，管殿柱，李森茂，等. 马格努斯圆柱及变角度襟翼对无人帆船气动性能的影响 [J]. 中国舰船研究，2023，18（1）：170-180.

[28] W ROOS. Rudder for Ships [P]. U. S. Patent 1697779，issued January 1，1929.

[29] G GASPARINI. Improvements In Or Relating To Rotatable Rudders，British Patent 284，940，Issued To An Italian Subject，February 9，1928.

[30] F WEISS，et al. Method for Producing a Thrust in Manoeuvering Engines for a Watercraft and a Manoeuvering Engine Constructed for the Same [P]. U. S. Patent 4316721，Issued February 3，1982. Assigned To Jastram - Werke Gmbh Kg，Hamburg Federal Republic Of Germany.

[31] 李志春，葛自鸿. 转柱的水动力特性测试及其分析 [J]. 船舶工程，1984（6）：9-14.

[32] 许汉珍，孙亦兵，许占崇，等. 转柱舵在实船上的应用 [J]. 中国造船，1992（3）：28-36.

[33] 杜雪. Magnus 旋转式减摇装置的设计及其控制特性研究 [D]. 哈尔滨：哈尔滨工程大学，2016.

[34] 王一帆. 船用 Magnus 减摇装置水动力性能研究 [D]. 哈尔滨：哈尔滨工程大学，2019.

[35] 韩阳，王于，郭春雨，等. 一种基于马格努斯效应的分离圆柱式减摇装置 [P]. 哈尔滨工程大学，ZL201910908565.2.

[36] J L BORG. Nozzeled Magnus Effect Propeller，U. S. Patent Pending，Filed November 30，1981.

[37] 王慧，邢蓉，何祯. 一种螺旋桨 [P]. 中国航空工业集团公司西安飞机设计研究所，ZL201910351807.2.

[38] 洪超，陈莹霞. 船舶减摇技术现状及发展趋势 [J]. 船舶工程，2012（S2）：236-244+298.

[39] 韩阳，王于，郭春雨，等. 基于 Magnus 效应的旋转圆柱实验教学平台设计 [J]. 实验室研究与探索，2020，39（8）：27-29+106.

[40] 姚恺涵，尤方俊，张帅，等. 船舶减摇装置的发展现状与趋势 [J]. 船舶物资与市场，2019（1）：16-20.

第6章 马格努斯效应在航空航天领域的应用与展望

自发现马格努斯效应概念以来，基于马格努斯效应的推进装置很快引起高度关注，与其他翼型的升力装置相比，其潜在的高升力系数优势激励着研究人员将其应用，来提升飞行器升力。关于如何在航空中使用马格努斯效应，学术界有很多想法。必须提到的是，在 20 世纪 20 年代中期第一次向公众展示"布考"（Buckau）旋翼船之后，引发了许多福莱特转子在飞机上应用的讨论。

6.1 马格努斯效应在航空航天领域的应用研究

6.1.1 应用背景

当前，基于马格努斯效应的应用按照其利用的模式分为三大类，第一类用于提升飞行器的升力，在这一类应用中，飞行器需要携带马格努斯转子，通过转子高速旋转来降低马格努斯飞行器飞行过程中前后方向的压差，增加上下方向的压差，并通过控制马格努斯转子的转速和方向，来实现对飞行轨迹的控制；第二类应用主要是应用物体旋转过程中产生的陀螺效应来增强飞行器的稳定性，这一类应用不需要携带马格努斯转子，主要通过飞行器本身的旋转来实现，典型的应用就是各种炮弹，这一类应用的好处是可以减少飞行器控制机构的配置，带来的问题是高速旋转产生的马格努斯效应会导致 $1\% \sim 10\%$ 的气动力偏差，而这个偏差一般能通过高精度的气动特性预示来预测；第三类应用是采用马格努斯转子来对飞行器的姿态进行控制，避免传统舵面控制存在死区和饱和等问题。

6.1.2　理论与实验研究

　　马格努斯效应在航空航天领域的应用模式中，除炮弹外，其他应用都会涉及马格努斯转子这一重要旋转部件，并且其特性决定了飞行器所能达到的升阻比与升重比，是此类马格努斯飞行器气动布局设计中需要重点考虑的因素。因此，有必要对马格努斯转子在横流中的特性及影响其特性的重要参数方面的研究进行总结。

　　通常，马格努斯力可以分为垂直于来流的升力分量和平行于来流的阻力分量。旋转体表面与周围流体之间的摩擦产生力矩，必须通过机械驱动来克服。空气动力系数 C_L、C_D 和 C_T 由速度比 $a = u/V$ 来确定，而不是由机翼规定的攻角确定。气动力按式（6-1）、式（6-2）计算而得。根据 Thom 的文献[1]，在式（6-3）中定义了力矩。该方程也可以通用性单位制给出，见式（6-4）。

$$L = C_L \cdot q \cdot S_{ref} \qquad (6-1)$$

$$D = C_D \cdot q \cdot S_{ref} \qquad (6-2)$$

$$M[\text{lb} \cdot \text{ft}] = C_T \cdot [\text{slugs} \cdot \text{ft}^{-3}] \cdot n[\text{s}^{-1}] \cdot V[\text{ft} \cdot \text{s}^{-1}] \cdot l[\text{ft}] \cdot d^3[\text{ft}^3] \qquad (6-3)$$

$$M[\text{N} \cdot \text{m}] = C_T \cdot [\text{kg} \cdot \text{m}^{-3}] \cdot n[\text{s}^{-1}] \cdot V[\text{m} \cdot \text{s}^{-1}] \cdot l[\text{m}] \cdot d^3[\text{m}^3] \qquad (6-4)$$

　　参考面积 S_{ref} 定义为圆柱体的投影表面面积，附加端板或圆盘不计入参考区域；以下章节将解释物理参数对马格努斯转子空气动力学的影响。

　　（1）速度比的影响

　　马格努斯转子的气动特性主要受转子周向速度与自由流速度之比的影响。圆柱绕流现象相当复杂，包括叶尖涡和转子端部的交替涡脱落。Thouault 等人对旋转圆柱体周围的雷诺数 $Re = 72\,000$[2] 时的流场进行了可视化数值仿真，仿真结果见表6-1，该图显示了各种速度比 a 下的2D流型，图中的第一个 $a = 0$ 对应于自由流中的非旋转圆柱体，其他流场随着 a 的升高而逐渐变化。

表 6-1 不同斯特劳哈尔数 St 和速度比 a 时在 $Re = 72\,000$ 时的流场

$a = 0.0$ $St = 0.20$		
$a = 1.0$ $St = 0.26$		第一个脱落模式 旋涡交替脱落 冯·卡曼式
$a = 2.0$ $St = 0.46$		
$a = 3.0$		准稳定流 圆柱周围的封闭流线 两个静止涡流位于圆柱下侧
$a = 3.5$ $St = 0.02$		第二个脱落模式 只有一个旋涡脱落
$a = 4.0$		准稳定流 流动拓扑与理论解相比较
$a = 6.0$		

　　卡门旋涡街在 $a = 0 \sim 2$ 时可见。涡流在圆柱的两侧形成并交替脱落。$a = 0$ 处的长涡将因 a 较高而大大缩短。当 $a > 2$ 时，不再出现旋涡的形成和脱落。近尾迹的长度和宽度减小，并偏向 u 和 V 方向相反的一侧。工况 $a = 3$ 表示准稳态。当 $a = 3.5$ 时，发现第二个脱落模式。当 a 向 4 进一步增加时，将会产生一个小的近尾迹偏转，即与 u 和 V 方向相反的一侧。

　　Mittal 和 Kumar[3] 研究了在极低雷诺数 $Re = 200$ 时旋转圆柱体的二维流动。其中一个目标是确定圆柱旋转对涡流脱落的影响。他们发现，圆柱在 $a = 4.4$ 时恢复涡流脱落，并一直持续到 $a = 4.8$。图 6-1 显示了不同 a 值下 C_L 和 C_D 的相图，气动系数的不稳定性是由涡流脱落引起的。

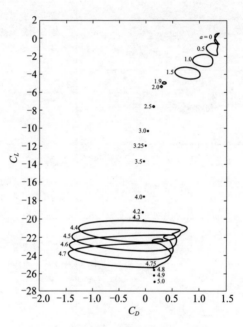

图 6-1　不同 a 值的 C_L 和 C_D 相图

　　表 6-1 中给出了斯特劳哈尔数 $St = f \cdot d / V$ 随速度比 a 的变化，描述经旋转圆柱的流动情况。低斯特劳哈尔数（$St \leqslant 10^{-4}$）表示准稳态流动。图 6-2 给出了由 Badalamenti 和 Prince[4]、Diaz[5] 和 Tanaka[6] 获得的低展弦比旋转圆柱体（$A = 5.1$）在 $Re = 4 \times 10^4$ 时的旋涡脱落特性的实验研究结果。临界速度比为 $a_c = 2$ 时，斯特劳哈尔数 St 随速度比的增大而增大。对于这种情况（$a = 2$），流动现象如图 6-3 所示。气流在端板的每个前边缘和圆柱的后部分离。叶尖涡在下游进一步合并。在端板之间观察到卡曼型的脱落。

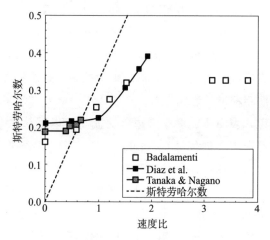

图 6-2　斯特劳哈尔数 St 随速度比 a 的变化

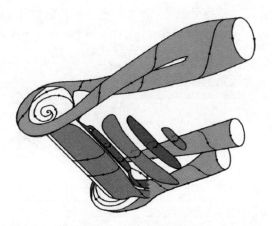

图 6-3　圆柱端板在 $a=2$ 左侧横流中的流动现象

（2）雷诺数的影响

低速度比 $a<1$ 下旋转圆柱的升阻大小与升力变化的雷诺数有显著的相关性[4,7]。对于马格努斯转子，雷诺数由圆柱直径决定。当 $Re>6\times10^4$ 时，效果尤其明显。此外，结果似乎还表明，速度比 $a>2.5$ 和 $Re>4\times10^4$ 可能存在第二个雷诺数依赖区域[4]。在这些条件下，所有曲线都显示出相同的趋势，但随着 Re 的减少，升力略有增加。在阻力数据中也看到了类似的效果。Thom 在 1925 年的早期工作[8]似乎支持了阻力变化的这一趋势。然而，两位作者都指出，在所讨论的雷诺数和速度比下，对结果的准确性缺乏信心。

（3）表面粗糙度的影响

一般来说，表面粗糙度影响边界层流动。以下简要总结了粗糙表面的马格努斯转子的优缺点。Luo 等人[9]研究了表面粗糙度对波浪形圆柱侧向力的影响。圆柱上涂有氧化铝颗粒，相对粗糙度值为 $d_{particle}/d_{cylinder}=0.009\,3$。结果表明，在雷诺数为 3.5×10^4 的情况下，这种表面粗糙度能够触发波浪形圆柱边界层的层流到湍流的转变。在一定的滚转角下，圆柱两侧的边界层是湍流，而在其他滚转角下，只有一个边界层是湍流。Thom[1,10] 研究了雷诺数范围为 $3.3\times10^4 < Re < 9.3\times10^4$ 时表面粗糙度对升力和阻力的影响。他将砂子粘在圆柱表面上，但没有说明相对粗糙度。与普通圆柱体相比，磨砂圆柱体的升阻系数略有增大。在图 6-4 中，给出了光滑圆柱体、木制圆柱体和磨砂圆柱体升力系数的比较。

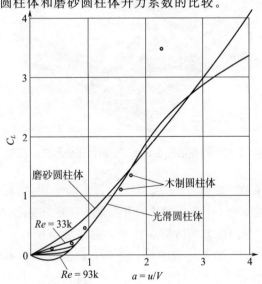

图 6-4　表面粗糙度对升力系数的影响

在过去的几十年中，除了对单个旋转圆柱表面粗糙度的研究外，对具有完整旋转圆柱的翼型也进行了广泛的研究。Modi 等人[11]通过风洞试验、数值模拟和流场显示等综合研究手段，证明了通过运动表面边界层控制（Moving Surface Boundary Layer Control，MSBC）的动量注入导致失速角的显著延迟（达 50°），升力系数显著增加。适当选择圆柱表面条件可以进一步改善翼型性能。图 6-5 显示出了表面粗糙度和动量注入对翼型升力系数的影响，其中旋转圆柱体集中在前缘。

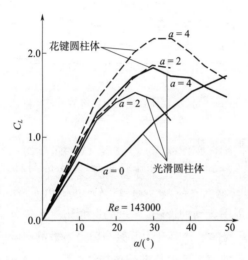

图 6-5　大攻角和变速比 a 下表面粗糙度和动量注入对升力系数的影响

如预期的那样，对于光滑的圆柱体情况，在没有动量注入的情况下，升力系数首先在失速处下降，但随后随着攻角的增大（$\alpha < 50°$）而单调上升。此外，阻力系数有所降低。例如，$\alpha = 30°$ 的阻力系数从无动量注入的光滑圆柱体（$a = 0$）的 $C_D = 1.6$ 降低到 $a = 2$ 的花键圆柱体（Splined Cylinder）机翼的 $C_D = 0.7$[11]。结论是，随着升力系数的增大和阻力系数的减小，带有整体圆柱的翼型的性能得到了增强，特别是当圆柱表面被花键连接时。表面粗糙度对旋转圆柱升阻系数的影响很小，但对于磨砂表面，空气力矩约为

原来的两倍。图 6-6 显示出了具有不同表面粗糙度的三个圆柱体的力矩系数。它清楚地表明粗糙表面的力矩较高。

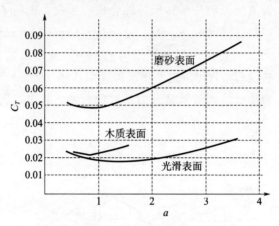

图 6-6　圆柱体在气流中旋转的力矩系数

（4）端板形状的影响

另一个影响旋转圆柱绕流的重要参数是圆柱端部的形状。Thom[8]研究了长 $l = 350$ mm，直径 $d = 80$ mm 的方形和圆形端部对旋转圆柱体周围流动的影响。图 6-7 和图 6-8 描述了速度比约为 2 的圆柱体不同端部形状对升力系数与阻力系数的影响。值得注意的是，对于所研究的速度比，旋转球体提供的阻力大于升力。

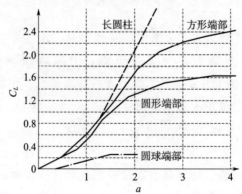

图 6-7　圆柱端部的形状对升力系数的影响

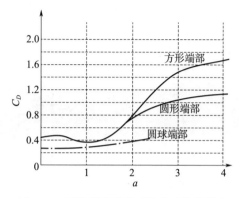

图 6-8 圆柱端部形状对阻力系数的影响

Prandtl 于 1924 年提出了在转子上使用端板的想法[12]。十年后，Thom[10] 研究了端板-圆柱直径比 $d_e/d = 3$ 时对气动特性的影响。现有的研究表明，增加这样的端板会使高速度比（$a > 3$）下产生的升力系数大约增大一倍。Busemann[13] 研究了长径比 $A = 1.7$ 的短圆柱和 $A = 12$ 的长圆柱端板效应，在研究中添加了直径比为 $1.5 < d_e/d < 3$ 的端板。Busemann 的结论是，在 $a = 4$ 的速度比以上，升力近似呈线性增大，通过增大端板尺寸还可以进一步增大。对于小速度比（$a < 2$），升力增大效应可以忽略不计。

Badalamenti[14] 对长径比 $A = 5.1$、直径比 $d_e/d = 1.1 \sim 3$ 的圆柱体进行了研究。图 6-9 和图 6-10 结果清楚地显示了端板尺寸对升力和阻力的影响。增大直径比 d_e/d 的效果与增大上述展弦比、增大最大可达到升力和延迟出现这种最大速度比的效果相似。端板的尺寸与最大升力系数的增加成正比。可以说，对于给定的端板尺寸，最大升力系数与无端板情况下的升力系数之比近似等于 d_e/d 之值。Thouault 等人[2] 用非定常雷诺平均 Navier - Stokes（URANS）模拟验证了 Badalamenti 的实验数据。

升阻曲线的性质导致峰值升阻比出现在相当低的 a 处。图 6-11 显示，峰值通常接近 $a = 2$，但其确切位置几乎与端板尺寸无关。当 $d_e/d > 2$ 时，升阻比 C_L/C_D 的值明显高于无端板时的值。

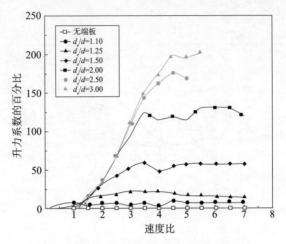

图 6 - 9　端板对升力系数的影响

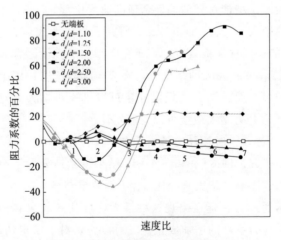

图 6 - 10　端板对阻力系数的影响

　　较大端板减少诱导阻力分量的能力如图 6 - 12 所示。其原因被认为是一个类似于增加展弦比的效应，发现最佳阻力性能的端板尺寸的选择取决于速度比。在低速比（ $a < 1$ ）下，较小的板通常会产生较小的阻力。对于中等速度比（ $1 \leqslant a \leqslant 3$ ）的应用，最好采用

较大的板，以延迟诱导阻力的增加。对于高速度比（$a > 3$），随着阻力迅速接近极限[14]，较小的端板再次变得更为理想。

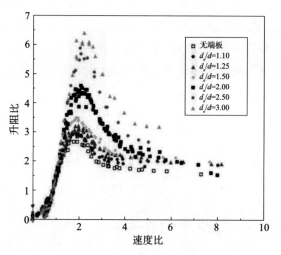

图 6-11　端板尺寸对升阻比的影响

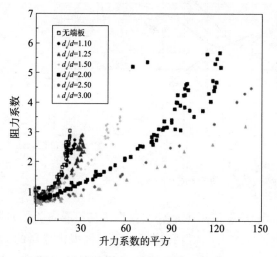

图 6-12　端板尺寸对诱导阻力的影响

　　Thom 是第一个研究展向圆盘（Spanwise Disks）效应的人。他在相对长度为 0.75d 和 1.25d 的旋转圆柱体的跨度上增加了等间距的圆盘。图 6-13 显示了速度比大于 5 的 C_L 显著增加。在 $4 < a < 7$ 范围内的负阻力特别出乎意料，这表明合力的倾斜度向上游倾斜。最大升力的显著增加可以归因于安装在旋转圆筒上的 17 个圆盘的周围流动，总升力是由旋转圆筒及其圆盘的联合作用产生的。

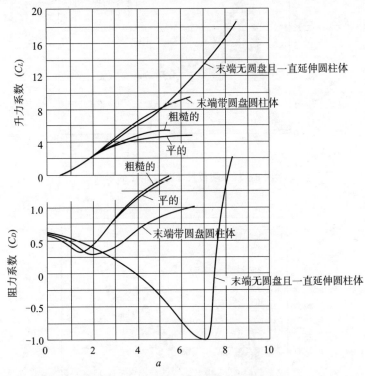

图 6-13　Thom 转子的升阻系数

　　Thouault 等人[15]用 URANS 模拟研究了展向圆盘的影响。结果仅限于速度比 $a < 3.4$，但它们提供了对模拟边界层的了解。首先，由于有效速度比的减小，两圆盘边界层间的流向速度分量增大。其次，在圆柱与圆盘的夹角处，由于圆盘上的径向流分量，圆柱边界

层厚度减小；图 6 - 14 中中间圆盘附近的流动可视化证明了圆盘上显著的径向流成分，靠近圆盘的来流被圆盘边界层沿径向夹带。此外，还观察到沿展向（朝向圆盘）的速度分量。此外，增加展向圆盘会降低叶尖涡的强度。这三种效果的结合导致具有展向盘圆柱的马格努斯转子在高速比 a 时的阻力比没有展向盘的马格努斯转子低。

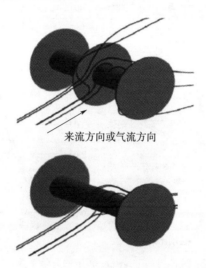

来流方向或气流方向

图 6 - 14　径向流分量对靠近圆盘的边界层的影响

　　Thom 计算了具有展向盘的马格努斯转子所需的功率。然而，他错误地得出结论："高转速必然需要高功率"，使这一想法不切实际[10]。由于这个错误的计算，Thom 没有进一步开展研究。60 年后，Norwood 发现了这个错误[16]，他发现 Thom 因使用了错误雷诺数的扭矩系数而导致计算结果偏差，所需的功率不是 Thom 计算的4 830 马力，而是 118 马力。

　　（5）气动特性

　　本节针对文献中关于马格努斯转子相关的实验数据，对马格努斯转子提供的升力、阻力和力矩系数最大值和趋势进行概述，并比较了不同圆柱体几何尺寸和表面粗糙度。图 6 - 15 给出了 Flettner

转子（带端板的旋转圆柱体）的升阻系数。Ackeret 等人研究了端板的影响，完成了试验，并将所得数据用于第一旋翼船 Buckau 的设计。

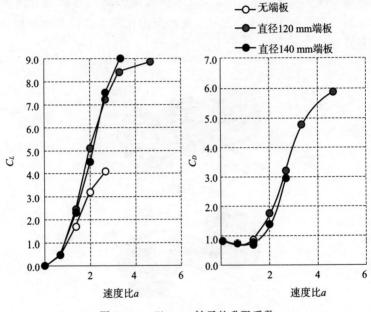

图 6 - 15　Flettner 转子的升阻系数

图 6 - 16 给出了不同马格努斯转子的力矩系数 C_T 在转速上的对比，对雷诺数与表面粗糙度的关系进行了验证。对于带有端板的圆柱，力矩系数最高，大约是普通圆柱的 30 倍。力矩系数 C_T 与式（6 - 4）一起使用计算空气动力矩。

气动效率通常以升力与阻力之比表示。对于各种马格努斯转子类型，气动效率如图 6 - 17 所示。为每种转子类型额外标记了 C_L 和 C_L/C_D 的最大值。与其他马格努斯转子相比，具有展向圆盘的 Thom 转子产生最高的空气动力效率。速度比 $a = 5.7$ 时，最大值为 40。

双槽 Fowler 襟翼的最大升力系数为 $C_{L, max} = 3.5$，　效率为

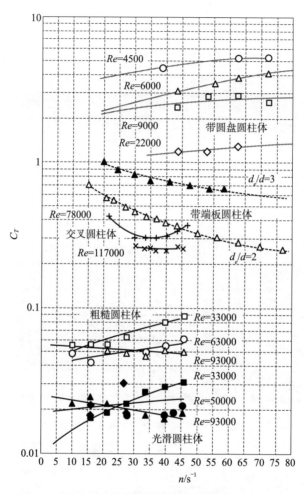

图 6-16 不同圆柱的力矩系数 C_T

$C_L/C_D = 15$，与之相比，Thom 旋翼的性能令人印象深刻[17]。但是，驱动 Thom 转子的功耗很高。常规直升机旋翼的最大效率约为 $C_L/C_D = 7$[18]。这个值也可以通过 Flettner 转子实现。

如果旋翼长度受到旋翼机要求的限制，那么带展向盘的旋翼（Thom 旋翼）是一个不错的选择。然而，驱动 Thom 转子需要更多

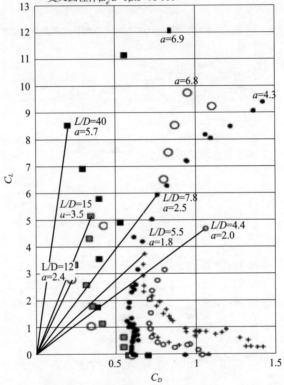

图 6 - 17　马格努斯转子的气动效率

的功率。在大多数情况下，Flettner 转子是功率消耗和空气动力效率之间的最佳平衡，因此建议在航空领域应用。图 6 - 18 显示了三个不同端板尺寸的 Flettner 转子的效率。

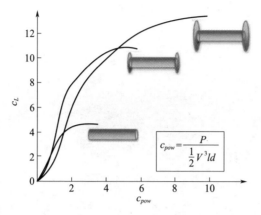

图 6 - 18　不同端板尺寸的 Flettner 转子的效率

6.1.3　工程实践探索

人们普遍认为，振动、阻力、重量和成本会阻止使用马格努斯效应。此外，1919 年第一次世界大战结束时签署并生效至 1933 年的《凡尔赛条约》也禁止在德国发展飞机。在欧洲，关于马格努斯旋翼作为飞行器提升装置的研究很少，但在美国，试验性旋翼飞机已经建成并进行了测试。

利用旋转圆柱体的马格努斯效应定义了固定翼和旋转翼飞机之外的一个新类别。从升力装置的空气动力学以及飞行力学（如稳定性和控制）来看，这一新类别是合理的。

（1）Butler Ames 的 Aerocycle 飞机

关于马格努斯旋翼飞机活动的第一份报告刊登在 1910 年 7 月 23 日的《太阳晚报》上，这是 Wright 兄弟首次飞行七年后的事。根据这份报告，新飞机 Aerocycle 是在 Bagley 号驱逐舰上测试的[19]。这架飞机是由国会议员 Butler Ames 在 1910 年 7 月和 8 月期间设计[20]，在一座大桥后的鱼雷平台上进行组装和测试的（图 6 - 19）。Butler Ames 用这个测试平台对他的飞机进行了为期 11 天的试验，试图用 40 马力的 Curtiss V - 8（75 马力）驱动的旋转转子来产生升力。然而，实际飞行的记录却没有被记录下来。

图 6 - 19　两个带有端板鼓翼并排安装在鱼雷艇顶部

（2）Plymouth A - A - 2004 飞机

在 20 世纪 20 年代，人们普遍认为旋转圆柱不能取代飞机机翼，因为旋转圆柱不被认为具有成本效益[21]。另一方面，一些人认为静态机翼已经到了发展的死胡同，而旋转圆柱则代表了使飞机发展能够继续进行的激进创新[22]。无翼飞机是 Flettner 旋翼机的一种航空应用，由三位发明家在纽约 Mamaroneck 的长岛海峡开发（图 6 - 20）。1930 年，报纸[23,24]和杂志[25-27]报道了短途飞行。

图 6 - 20　Plymouth A - A - 2004 飞机

这架全尺寸的旋翼飞机是由一个标准的飞机发动机和三叶螺旋桨，辅助四缸风冷发动机旋转三个直径为 2 ft 的轴状圆柱进行推动。除了传统的尾部，独特的垂直控制面安装在机身前部附近。其目的可能是控制侧倾，而不是标准的机翼副翼。

这架旋翼飞机的所有者 Zaparka[28-33]为马格努斯效应装置提出了六项专利申请。他的发明涉及旋翼机的升降装置和飞行控制装置。除了飞行控制方面的问题外，结构强度也是这类飞行器需要解决的一个主要问题[23]。飞机注册数据来自文献 [34]，见表 6 - 2。

表 6 - 2　Plymouth A - A - 2004，921V 飞机注册数据

飞机注册号	921V
模型	A - A - 2004
制作	Plymouth
生产日期	1929
发动机	Wright R - 540 - A,165hp
转子发动机	American cirrus,90hp
许可运行	3/4/1930
生产商	Plymouth Development Corp
建造者/所有者	E. F. Zap.

（3）联合飞机

1931 年，纽约长岛的联合飞机公司又制造了一架旋翼飞机（图 6 - 21），它是由 Isaac C. Popper 和 John B. Guest 设计和建造的。其开放式框架中的四个锥形主轴取代了机翼，并由另外两个 28 马力的发动机驱动。前面的两个大转子产生马格努斯力代替升力，小转子起稳定作用，其着陆速度在 5~10 mile/h 范围内[35]。更多技术数据见表 6 - 3。其升力是传统机翼的两倍，可以以一半的速度降落，遗憾的是没有实际飞行的记录。

图 6 - 21　联合飞机 X772N

表 6 - 3　联合飞机 X772N 的飞机注册数据

飞机注册号	X772N
生产日期	1931
发动机	American cirrus, 90 hp
转子发动机	2×Indian, 28 hp
生产商	Union Aircraft Corporation Long Island, NY

（4）Chappedraine 的 Autogyro 飞机

Autogyro 是由法国公民 Jean - Louis de Chappedraine 发明的马格努斯效应飞机，采用的是一种混合配置，由一个转子翼和一个双翼布局的常规固定机翼组成（图 6 - 22）。飞机相关情况介绍在其申请的专利中有详细的说明[36]，Jean - Louis de Chappedraine 将可旋转机翼定义为 S 形矩形机翼，在空气阻力的作用下绕其旋转轴进入自动旋转状态，其棘轮（一种外缘或内缘上具有刚性表面或摩擦表面的齿轮）确保正确的旋转方向。这种可旋转机翼的目的是产生非常高的升力，从而以非常陡的角度和非常慢的速度起飞和降落。机翼的旋转可以通过电机控制停止，其位置可以锁定，以允许机器故障时产生固定翼飞机的作用（图 6 - 23）。

除了上面介绍的马格努斯飞机外，在发展的过程中，还出现了许多基于马格努斯飞行概念，其中就包含单翼转子翼飞机、Ernst

图 6 - 22　Autogyro 飞机

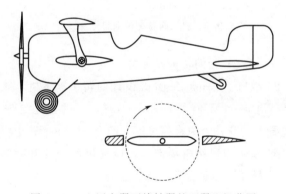

图 6 - 23　上固定翼下旋转翼的双翼飞机草图

Zeuzem 的转子翼飞机、Gerhard Wilke 的转子翼飞机、Karl Gligorin 的转子翼飞机和 Ernst Zeuzem 的转子翼飞机等概念。

（1）单翼转子翼飞机

马格努斯转子在旋转时可用作驱动装置。早期应用马格努斯效应旋翼飞机概念包括一个传统的尾翼机身和一个安装在前面的螺旋桨。与传统飞机相比，唯一改变的部分是机翼。旋翼飞机的早期概念如图 6 - 24 所示。这种飞机概念采用马格努斯转子来代替固定的机翼，这种特殊的形状设计使气流能够流入马格努斯转子并驱动转子旋转。这种布局的优点是即使在电动机发生故障时也有较高的安全性，因为旋转翼继续旋转能够提供升力[35]。缺点是飞行空速和旋转速度比是固定的。因此，升力不能独立于空速来控制。

图 6-24　旋翼飞机的早期概念

（2）Ernst Zeuzem 的转子翼飞机

图 6-25 给出了 Ernst Zeuzem 设计的转子翼飞机，该设计是组合式升力装置的一个示例[36]。Ernst Zeuzem 的模型是一个由四个 Flettner 转子来提升升力的旋翼飞机，四个 Flettner 转子由独立的电机驱动。乘客座舱布置在机翼部分，以提供额外的升力。同时，下方的四个升力转子可以像起落架那样工作。

（3）Gerhard Wilke 的转子翼飞机

Gerhard Wilke 给出了一个完备的配置方案（图 6-26），这个概念在原则上看起来像一个双翼飞机。在这里，圆柱形下旋翼通过高速旋转产生马格努斯力来实现短距离的垂直起降。在巡航飞行中，为了减小阻力，圆柱形下旋翼通过机构向上运动，并紧贴飞机机翼表面。在低速时，使用转子来提高升力。它们的转速独立于飞机发动机的转速，发动机仅作为转子的驱动机构[37]。

（4）Karl Gligorin 的转子翼飞机

Reid[38]和 Flettner[39]独立提出了一种在机翼前缘增加旋转圆柱

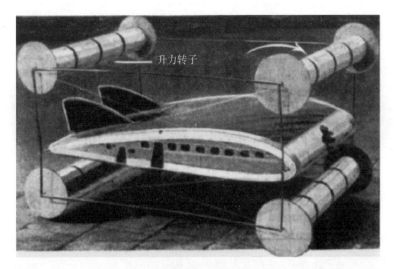

升力转子

图 6 - 25 Ernst Zeuzem 的转子翼飞机概念

图 6 - 26 Gerhard Wilke 的转子翼飞机概念

提升升力的方案，并研究了这种复合机翼的减阻性能。奥地利人
Karl Gligorin 提出了一种基于这种复合机翼的飞机概念，该飞机的
外形如图 6 - 27 所示，其设计指标[40]见表 6 - 4。

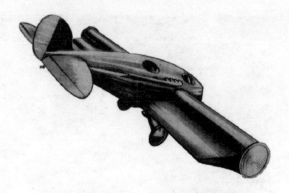

图 6 - 27　Karl Gligorin 的转子翼飞机概念

表 6 - 4　Karl Gligorin 转子翼飞机设计参数

序号	项目	数值	单位
1	翼展	13.0	m
2	长度	8.6	m
3	高度	2.7	m
4	转子直径	1.2	m
5	转速	550~1 600	r/min
6	发动机功率	550	hp
7	质量	1 050	kg
8	有效载荷	550	kg
9	平均质量	1 600	kg
10	最大巡航速度	400	km/h

（5）Ernst Zeuzem 的转子翼飞机

在 20 世纪初，人们认识到粗糙的表面甚至凸起可以改善旋转圆柱周围的流场，从而增强马格努斯效应，提供比光滑表面更大的升力。Ernst Zeuzem 提出的飞机模型[35]（图 6 - 28）就是基于这样一个转子概念。高尔夫球表面的凹坑也是源于这种理念，随后的研究揭示了这种表面粗糙度效应。此外，围绕着马格努斯效应的应用，学者还提出了很多的想法，但这些想法大多数都未在试验中进行测

试，其中一些想法受到了 Flettner 专利[39,41] 的保护，并在 20 世纪 20
年代进行了测试。

图 6 - 28　Ernst Zeuzem 转子翼飞机模型

（6）马格努斯效应复合翼飞机

早期的马格努斯飞机概念以马格努斯效应产生升力来替代固定
翼产生的升力，但由于计算流体力学技术尚未发展起来，缺乏对马
格努斯效应机理的认识。随着计算流体力学技术的发展，学术界对
马格努斯效应的认识进一步加深，一些新型的马格努斯效应的飞行
器概念也相继被提出。

文献［42］提出了一种基于马格努斯效应的复合翼型，这种复
合翼型由固定翼产生动升力，并由安装在固定翼中间的旋转的马格
努斯转筒产生马格努斯力。这种马格努斯复合翼可以实现在低风速
到高风速这样一个宽速域范围内产生升力，在高风速区域由固定翼
产生动升力，在中低风速区域由马格努斯力作为动力。飞行器采用
这种混合翼设计，短固定翼和短距起飞/着陆的飞行器都有望实现。

图 6 - 29 所示为基于马格努斯效应的复合翼型原理图，其结合
固定翼和马格努斯叶片。其流动机理为：当飞行器以 V 飞行时，气
流在翼前缘处被分成向上和向下两部分。一方面，向上部分的气流
沿着固定翼曲线和旋转的马格努斯叶片从头部流向尾部，气流速度
加速增量为 V_1；另一方面，向下部分的气流抵达马格努斯转子前部

末端，速度降低 V_1，根据伯努利定理，马格努斯复合翼型产生的马格努斯力 L_{mH} 可以表述为

$$L_{mH} = p_{2H} - p_{1H} = \frac{1}{2}\rho(V_2+u)^2 - \frac{1}{2}\rho(V_1+u)^2 \quad (6-5)$$

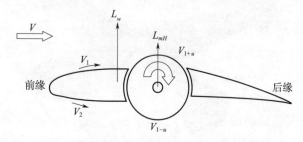

图 6-29　基于马格努斯效应的复合翼型原理图

　　图 6-30 的飞行器是安装马格努斯复合翼型的实例。机身两侧安装有主翼，马格努斯转筒和主翼一起运转。螺旋桨安装在发动机上。由发动机延伸出旋转轴，马格努斯转筒的转速由调节器控制。左右侧马格努斯转筒旋转速度调节设备通过生成不同旋转参数或者相匹配的旋转参数来控制飞行器姿态。左右转向通过马格努斯转筒

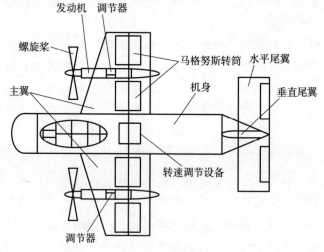

图 6-30　马格努斯效应复合翼飞行器

的转速差或者垂直尾翼来进行控制。右转时，右翼处的马格努斯转筒旋转速度降低，左翼处的马格努斯转筒旋转速度增加，同时使用垂直尾翼就可以实现右转。通过降低或者增加左右翼马格努斯转筒旋转速度，同时使用传统水平尾翼，就可以实现高度控制。

6.2　马格努斯效应在航空航天领域的应用案例

前面介绍的马格努斯效应在航空航天领域的发展历程主要聚焦在飞机上，因为飞机是其中最有代表性的。但实际上马格努斯效应在航空航天领域的应用却不局限于飞机，以下主要从飞机、飞艇、炮弹等几个典型应用对马格努斯效应在航空航天领域方面的应用展开介绍。

6.2.1　低空航空器

马格努斯效应在飞机上的具体应用首推美国国家航空航天局（NASA）YOV－10 飞机。YOV－10 飞机配备了一个用于产生升力的常规机翼和一个额外的马格努斯效应装置，以改善提升飞行器的升力。与上述其他转子翼飞机相比，大量的试验数据和结果为深入了解马格努斯效应装置在飞行中的性能和动力学提供了依据。

从 1972 年开始，NASA 使用第三架 YOV－10A 原型机测试高升力系统，包括 Calderon 提出的旋转圆筒襟翼概念[43,44]，以大幅提高低速性能。这一概念包括一个大型液压旋转圆柱在 fowler 襟翼前缘，如 Cichy[45] 所述。两台 Lycoming T53－L－11 涡轮螺旋桨发动机，每台发动机生产 1 000 多马力，装有 4 叶 10 ft 直径的复合螺旋桨。为了安全起见，在发动机发生故障的情况下，两台发动机通过传动轴相互连接。这架飞机的机翼短，为 34 ft（图 6－31）。

图 6 - 31   改进型 YOV - 10A 原型机

6.2.2   飞艇

20 世纪 80 年代初期,Magenn Power 公司便制造了一款试验球形飞艇[46](图 6 - 32)。飞艇的核心部件是一个巨大的氦气球,具备浮离地面的能力,然后在飞行过程中球体的机械结构使其向后旋转,随着旋转速度和前进速度的增加,飞艇的升力变大,飞得更高,旋转减速甚至倒转就能快速下降。因为它的旋转特性,飞行的稳定性大幅度提升,阻力也有所降低,这是一项非常有创意的研究。不过遗憾的是,与其他飞艇一样受制于结构强度和动力的矛盾约束,巨大的空气阻力在大风中飞行异常困难,若提升动力不仅带来重量的增加,其轻型的结构也难以承受。

同一时期,Magnus Aerospace 公司的 LTA20 - 1 飞艇[47](图 6 - 33)是马格努斯效应在工程研究和工程研制方面的重要成果,该重型飞艇通过运用浮力、矢量推力和马格努斯效应产生垂直方向的作用力来平衡其飞行过程中受到的重力。该飞艇的构型主要由一个沿飞行速度轴方向顺时针旋转的大型圆球组成,圆球下半圈附着

图 6 - 32   Magenn Power 公司旋转飞艇

一个半圆环形翼套，翼套上悬挂着一个飞行器和推进单元。这个前所未有的飞行器需要开展全面广泛的工程分析，通过分析获得一个适应于飞行动力学行为和性能的候选构型。

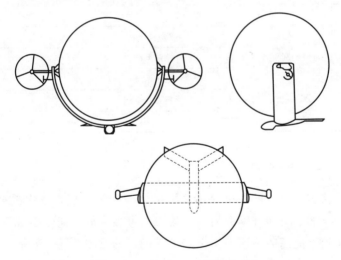

图 6 - 33   LTA20 - 1 飞艇构型

LTA 20 - 1 飞艇主要由 4 个部分组成，即浮空器系统、机身结构系统、推进系统、机身配套服务系统，各个部分的质量分配见表6 - 5。

表 6 - 5　LTA 20 - 1 飞艇质量统计

序号	系统	名称	质量/kg
1	浮空器系统	浮空器气球	1 850
		升降气袋	180
		装配附件	450
		气球旋转系统	200
2	机身结构系统	环形结构	5 900
		控制舱	1 300
		尾部附件	450
		推进装置	1 100
		着陆装置	700
3	推进系统	JVX Tiltrotor 推进单元	4 600
		侧喷管	440
		燃料系统	400
4	机身配套服务系统	航电系统(包括 APU)	200
		指令与导航	180
		控制系统	250
		电子系统	120
		货物悬挂系统	200
总结构质量			18 520

6.2.3　旋转炮弹

马格努斯效应的军事应用最早可追溯到第二次世界大战期间。1943 年,欧洲正处于紧张对峙的第二次世界大战时期。德国鲁尔工业区中提供能源的三座大坝引起了英国人的重点关注。但是,摧毁这三座大坝并非易事。原因是大坝外面有鱼雷防护网和战舰防御。如何突破防御一击必杀,成为英国军事战略的当务之急。航空工程师巴恩斯·沃利斯提出了惊人的想法:制造一个在水面上疯狂跳跃的大炸弹,俗称"跳弹"[48]。"跳弹"采用独树一帜的圆柱形状,发射之前会以一定的速度旋转（图6-34）。"跳弹"在离水面18 m的高度借助惯性投下，充分运用"打水漂"原理，以灵动弹跳前进的方式避开鱼雷防护网，直接命中水坝。"跳弹"在水面上跳跃飞行主要是由于其旋转过程中产生的方向向上的马格努斯力和水面向上的反馈作用力之和大于其自身的重力的缘故。

图6-34　"跳弹"的飞行任务剖面

　　旋转飞行是战术武器经常采用的一种飞行方式。最早采取旋转飞行的是枪弹和炮弹，通过高速旋转（万转/分）所产生的陀螺效应获得稳定性。第二次世界大战后，出现许多尾翼式火箭也采取旋转飞行方式，通过中速旋转（千转/分）以克服或减小由推力偏心、质量偏心、气动偏心引起的弹道散布，有较强的抗干扰能力，提高了精度。自20世纪60年代以来，又出现了一些战术导弹（反坦克导弹、地空导弹）采取旋转飞行的方式，通过低速旋转（百转/分），可以简化控制系统，即用一个控制通道实现俯仰和偏航两个方向的复合控制，促进了导弹小型化的发展。此外，再入弹头或机动弹头常常为了解决非对称烧蚀产生的不对称气动力，也采用旋转飞行方式。这样，战略导弹的再入头部也可以归入旋转弹的行列。

6.3　马格努斯效应在航空航天领域的应用展望

关于马格努斯效应在航空航天领域的应用前景，除了前面介绍的飞机、飞艇和炮弹外，近年来，随着对马格努斯效应的研究，一些新的应用也应运而生，包括采用马格努斯力进行轨道维持的旋转卫星、采用马格努斯力进行垂直起降的火星车和采用马格努斯转子进行控制的涵道式飞行器。

（1）采用马格努斯力进行轨道维持的旋转卫星

NASA 戈达德航天中心 Alvin Garwai Yew 等人[49]研究了在近地点 80 km 的航天器使用马格努斯力来进行轨道维持的可行性（图 6 - 35）。研究结果表明，球形卫星没有旋转的情况下，其在轨时间约为 20 min。然而，当球形卫星以 5 000 r/min 的转速旋转飞行时，其在轨道上运行时间可延长到 60 min。此外，随着转速增加到 10 000 r/min 时，20 min 内，在轨道上看不到显著衰减，在 20 000 min 的模拟时间内，卫星一直保持在 66 km 的高空跳跃飞行。

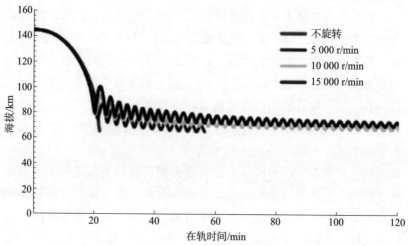

图 6 - 35　旋转卫星在不同自旋速率下的在轨时间（见彩插）

（2）采用马格努斯力进行垂直起降的火星车

文献［50］提出了一种可垂直起降的灵巧火星车，包括至少一排马格努斯转子、车体和驱动电机，马格努斯转子水平设置，且转动连接在车体上，马格努斯转子与驱动电机传动连接以驱动马格努斯转子转动。在火星上，根据需要通过调节驱动电机，控制马格努斯转子的转速。如图 6-36 所示，当火星上的自然风吹过或者火星车移动过程中产生相对运动时，马格努斯转子转动，产生向上的升力，可实现火星车的起飞。同时，通过降低马格努斯转子的转速，就可实现火星车的下降。

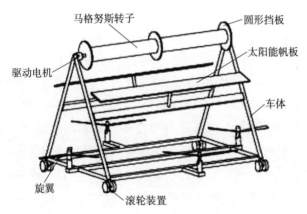

图 6-36　一种可实现垂直起降的灵巧火星车外形

该发明通过在火星车的车体上设置马格努斯转子，利用马格努斯转子在较低的来流速度下即可获得可观的升力，在火星大气低密度、低压力、低雷诺数的环境中，由马格努斯转子驱动的火星车可以拥有理想的升阻比特性，使火星车实现垂直起降功能，以极大地提升火星车的机动能力，使其能够适应任意复杂地形且能进一步扩大探寻范围。另外，车体上还设有辅助垂直升降装置，以提供垂直升力。进一步的，辅助垂直升降装置包括四个旋翼，旋翼分别两两对称地设置在车体的四侧。在升力不足或来流方向的流速较低时可以利用四个旋翼提供额外的升力，实现火星车的增升。旋翼的数量及布置方式可根据火星车的具体构造做出相应的调整。马格努斯转子上设有多个随马格努斯转子转动的圆形挡板。随滚筒旋转，圆形挡板能够为系统提供额外升力。圆形挡板数量为三个，两个圆形挡板分别设在马格努斯转子的两端，另一个圆形挡板设置在马格努斯转子的中间位置。车体的底部设有多组滚轮装置，用于满足地面运动，以及减小起飞和降落时火星车与地面的摩擦。车体设有太阳能帆板作为电源，获得稳定的能源供应，提高航行探索时间。

（3）采用马格努斯转子进行控制的涵道式飞行器

传统的涵道式飞行器的姿态控制是采用控制舵片，舵片为对称翼型，所产生的控制力矩的线性范围一般在 15° 以内，当超过此范围，非线性因素增大，同时会产生饱和现象。在外界阵风条件下，如果控制舵处于饱和状态，控制机构的运动无法生成飞行器姿态平衡所需的控制力矩。针对这一问题，文献［51］提出了一种基于马格努斯效应的涵道飞行器姿态控制机构。该机构利用马格努斯效应，利用四个空心圆筒呈十字对称分布在涵道底部，如图 6 - 37 所示，其控制原理如图 6 - 38 所示[52]。控制机构输出的控制力矩与空心圆筒的转速成正比，通过改变空心圆筒的旋转方向即可调整控制力矩的方向，从而回避了传统翼型舵片由于线性工作范围小而导致的非线性饱和问题。

图 6 - 37　基于马格努斯效应的控制机构

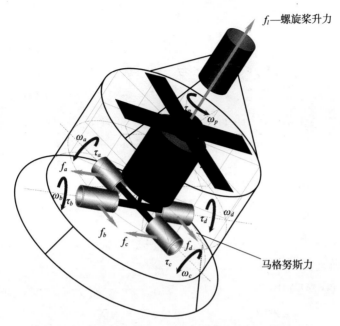

图 6 - 38　基于马格努斯力控制的涵道飞行器原理图

　　这种基于空心圆筒的马格努斯效应实现姿态控制的模式可规避常规舵机控制的涵道式飞行器工作范围窄、非线性严重及控制饱和等问题，改善了飞行器的控制性能。

参 考 文 献

[1] THOM A, SENGUPTA S R. Air Torque on a Cylinder Rotating in an Air Stream [R]. Aeronautical Research Committee, Reports and Memoranda, 1520, London, 1932.

[2] THOUAULT N, BREITSAMTER C, ADAMS N A. Numerical Analysis of a Rotating Cylinder with Spanwise Discs [J]. AIAA, Journal, 2012, 50 (2): 271 - 283.

[3] MITTAL S, KUMAR B. Flow Past a Rotating Cylinder [J]. Fluid Mech, 2003 (476): 303 - 334.

[4] BADALAMENTI C, PRINCE S A. Vortex Shedding from a Rotating Circular Cylinder at Moderate Sub - critical Reynolds Numbers and High Velocity Ratio [C]. 26th International Congress of the Aeronautical Sciences Anchorage, 2008.

[5] DIAZ F, GAVALDA J, KAWALL J G, et al. Vortex Shedding from a Spinning Cylinder [J]. Physics of Fluids, 1983, 26 (12): 3454 - 3460.

[6] TANAKA H, NAGANO S. Study of flow Around a Rotating Circular Cylinder [J]. Bulletins of the Japanese Society of Mechanical Engineers, 1973, 16 (92): 234 - 243.

[7] SWANSON W M. The Magnus Effect: a Summary of Investigations to Date [J]. Journal of Basic Engineering Transactions of ASME, 1961, 83 (3): 461 - 470.

[8] THOM A. Experiments on the air Forces on Rotating Cylinders [R]. Aeronautical Research Committee, Reports and Memoranda, 1018, London, 1905.

[9] LUO S C, LUA K B, GOH E K R. Side Force on an Ogive Cylinder: Effects of Surface Roughness [J]. Journal of Aircraft, 2002, 39 (4): 716 - 718.

[10]　THOM A. Effect of Discs on the Air Forces on a Rotating Cylinder [R]. Aeronautical Research Committee, Reports and Memoranda, 1623, London, 1934.

[11]　MODI V J, MUNSHI S R, BANDYOPADHYAY G, et al. High - performance Airfoil with Moving Surface Boundary - layer Control [J]. Journal of Aircraft, 1998, 35 (4): 544 - 553.

[12]　PRANDTL L. Magnuseffekt Und Windkraftschiff. Die Naturwissenschaften. Translated to: Application of the "Magnus Effect" to the Wind Propulsion of Ships [R]. NACA Technical Memorandum, 1926, TM - 367: 93 - 108.

[13]　BUSEMANN A. Messungen a Rotierenden Zylindern. In: PrandtlL, BetzA, Editors. Ergebnisse der Aerodynamischen Versuchsanstalt zu Gottingen, Ⅳ. Lieferung: R. Oldenbourg, 1932, p. 101 - 106.

[14]　Badalamenti C, PRINCE S. The Effects of Endplates on a Rotating Cylinder in Crossflow [C]. 26th AIAA Applied Aerodynamics Conference. AIAA. Honolulu, Hawaii, 2008.

[15]　THOUAULT N, BREITSAMTER C, SEIFERT J, et al. Numerical Analysis of a Rotating Cylinder with Spanwise Disks [C]. Nizza: International Congress of the Aeronautical Sciences, 2010.

[16]　NORWOOD J. 21st century Multihulls - rotors [J]. Journal of the Amateur Yacht Research Society, 1995, 120 - Ⅱ: 21.

[17]　ABBOTT I H. Doenhoff von AE. Theory of Wing Sections: Including a Summary of Airfoil Data [M]. Dover PubnInc, 1960.

[18]　LEISHMAN J G. Development of the Autogiro: a Technical perspective [J]. Journal of Aircraft, 2004, 41 (4): 765 - 781.

[19]　Nav Source Naval History: Yarnall PR [Z]. Internet: ＜http: //www. navsource. org/archives/05/tb/050324. htm ＞; (accessedon: 10/05/ 2010).

[20]　NEW AIRCRAFT [N]. The Evening Sun. 23. July 1910.

[21]　WAGNER C D. Die Segelmaschine [M]. Hamburg: Kabel Verlag, 1991.

[22]　SPOONER S. The Rotor and Aviation [J]. Flight - Aircraft Engineer and Airships 1924. November, 27th. p. 739 - 740.

[23]　KIERAN L A. Rotor Plane May Open New Vista to Aircraft [N]. The New York Times; 1930, 24. August, p. 5.

[24]　Latest in Flying Ships—Plane Without Wings [N]. The Washington Times. 21. August, 1930.

[25]　The Rotor Airship [J] . Modern Mechanix. 1931. p. 59.

[26]　Whirling Spools Lift This Plane [J] . Popular Science Monthly. 5 1930. November. p. 162.

[27]　Rotor－flugzeug [J] . Technik fur Alle. 1932.

[28]　LEE R K, ZAPARKA E F. Propeller [P]. U. S. Patent, 1977681. 1932.

[29]　ZAPARKA E F. Aircraft [P]. U. S. Patent, 1927535. 1929.

[30]　ZAPARKA E F. Aircraft Sustaining System and Propulsion [P]. U. S. Patent, 1927536. 1929.

[31]　ZAPARKA E F. Aircraft Control [P] . U. S. Patent, 1927537. 1929.

[32]　ZAPARKA E F. Sustaining and Control Surface [P]. U. S. Patent, 1927538. 1930.

[33]　ZAPARKA E F. Aircraft [P]. U. S. Patent, 2039676. 1930.

[34]　Smithsonian Institution NAD. Historical Aircraft Listing [M]. Washington. 2002.

[35]　JOST SEIFERT. A Review of the Magnus Effect in Aeronautics [J]. Progress in Aerospace Sciences, 2012 (55): 17－45.

[36]　CHAPPEDELAINE JLMO. Aeroplane with Rotatable Wings [P]. United Kingdom Patent, GB402922A. 1933.

[37]　DEUMIG K. Illustrierte Technik [M] . Das Industrieblatt Stuttgart.

[38]　REID E G. Tests of Rotating Cylinders [R]. NACA Technical Notes, TN－209. 1924.

[39]　FLETTNER A. Arrangement for Exchanging Energy Between a Current and a Body Therein [P]. U. S. Patent, 1674169. 1928.

[40]　STIOTTA H H. Der Rotorplan [J]. Motor und Sport, 1925, 2 (31): 22－23.

[41]　FLETTNER A. Verfahren Zur Erzeugung des Quertriebes an Quertriebskorpern [P]. DE420840, 1923.

[42]　OGAWA MASARU. Composite Magnus Wing [P] . JP2006287514 （申

请号），JP2008106619A（公开号），2006-10-23.

[43]　CALDERON A A，ARNOLD F R. A Study of the Aerodynamic Charateristics of a Highlift Device Based on a Rotating Cylinder and Flap [R]. Stanford University，1961.

[44]　CALDERON A A. Rotating Cylinder Flaps for V/S. T. O. L Aircraft [J]. Aircraft Engineering and Aerospace Technology，1964，36（10）：304-309.

[45]　CICHY D R，HARRIS J W，MACKAY J K. Flight Tests of a Rotating Cylinder Flap on a North American Rockwell YOV-10 Aircraft [C]. NASA. CR-2135. 1972.

[46]　WEIBERG J A，GIULIANETTI D，GAMBUCCI B，et al. Take Off and Landing Performance and Noise Characteristics of a Deflected Slipstream STOL Airplane with Interconnected Propellers and Rotating Cylinder Flaps [C]. NASA Technical Memorandum. TM-X-62320. 1973.

[47]　大地. 仅凭一根在风中旋转的圆柱，能驱动轮船前进和飞行器上天吗？[Z]. 中科院物理所微信公众号.

[48]　超模君. 伦敦大学惊现数学神人！创造最完美打水漂方程，一块石头破吉尼斯世界纪录！看完跪了. [Z] 超级数学建模公众号. https：//hp. weixin. com/s/vJDY58Qi_VhMPHOjGSo8w.

[49]　SAHADEO RAMJATAN，NORMAN FITZ-COY，ALVIN GARWAI YEW. Magnus Effect on a Spinning Satellite in Low Earth Orbit [C]. SPACE Conferences and Exposition 13-16 September 2016，Long Beach，California. AIAA/AAS Astrodynamics Specialist Conference. AIAA 2016-5257.

[50]　薛晓鹏，姜璐璐，林明月，等. 一种实现可垂直起降的灵巧火星车的设计方法 [P]. CN110435928B.

[51]　侯庆明. 基于马格纳斯效应控制舵的涵道飞行器及控制策略 [D]. 哈尔滨：哈尔滨工业大学，2015.

[52]　QINGMING HOU，YANHE ZHU，YONGSHENG GAO，et al. Modeling and Control of a Magnus-effect-based Ducted Fan Aerial Vehicle [J]. International Journal of Control，Automation，and Systems，2015，13（4）：934-941.

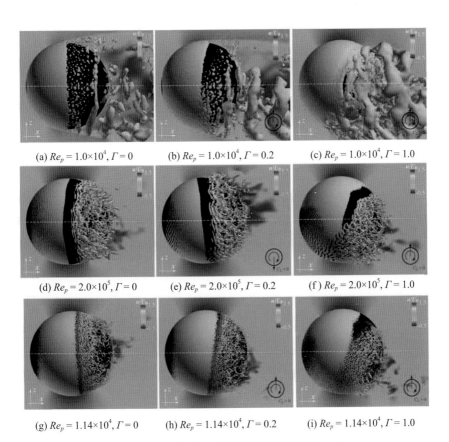

(a) $Re_p = 1.0 \times 10^4, \Gamma = 0$ (b) $Re_p = 1.0 \times 10^4, \Gamma = 0.2$ (c) $Re_p = 1.0 \times 10^4, \Gamma = 1.0$

(d) $Re_p = 2.0 \times 10^5, \Gamma = 0$ (e) $Re_p = 2.0 \times 10^5, \Gamma = 0.2$ (f) $Re_p = 2.0 \times 10^5, \Gamma = 1.0$

(g) $Re_p = 1.14 \times 10^4, \Gamma = 0$ (h) $Re_p = 1.14 \times 10^4, \Gamma = 0.2$ (i) $Re_p = 1.14 \times 10^4, \Gamma = 1.0$

图 2 - 4　各种条件下球周瞬时涡结构[28]（P26）

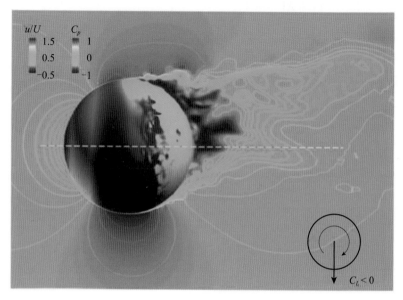

图 2-5　中心横截面（$y=0$）上的流向速度（x 分量）的瞬时等值线，
以及 $Re_p = 2.0 \times 10^5$ 和 $\Gamma = 0.2$ 时球面上的静压系数[24]（P27）

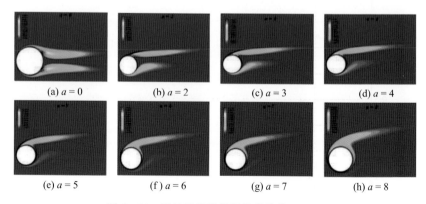

(a) $a = 0$　　　　(b) $a = 2$　　　　(c) $a = 3$　　　　(d) $a = 4$

(e) $a = 5$　　　　(f) $a = 6$　　　　(g) $a = 7$　　　　(h) $a = 8$

图 2-16　无量纲涡度模量的等值线（P41）

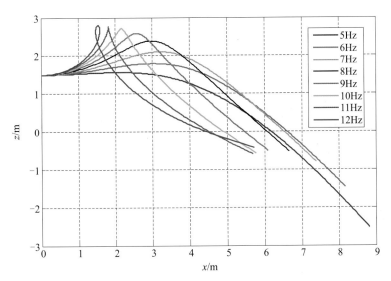

图 3-8 不同旋转角速度大小射出时的轨迹图 (P71)

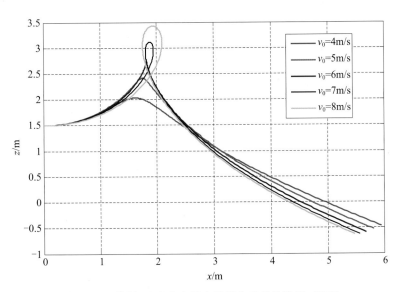

图 3-9 不同初速度大小且水平射出时的轨迹图 (P71)

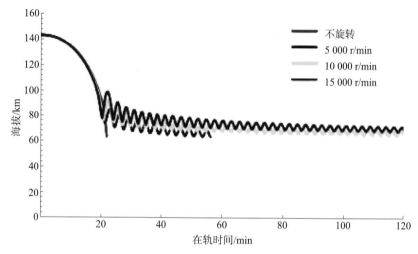

图 6-35 旋转卫星在不同自旋速率下的在轨时间 (P186)